從基礎到進階

最完美且實用的
法式糕點秘訣與配方

相原一吉

出版菊文化

目錄

使甜點更上一層樓的秘訣

本書標準
1大匙為15㎖
1小匙為5㎖

前言

我所製作的甜點，全部都是「家庭式的甜點」。

力求使用盡可能簡單的材料、配方與製作方法。

首先，材料要選用優質且新鮮的。

麵粉、奶油、糖、雞蛋。

有這四種材料，就能製作砂布列(Sablé)、磅蛋糕、海綿蛋糕。

用新鮮材料烘焙出的香氣，甚至不需要香草精(Vanilla essence)。

當然，光有材料是無法成為甜點的，

請理解每道甜點的製作方法。

例如奶油的處理方式。

製作砂布列和磅蛋糕時，奶油的軟硬程度至關重要。

若在這一點上出錯，就無法達到「完美」的程度。

對於老師・宮川敏子的回憶

算上在製菓學校的1年，我與甜點的緣分已經不知不覺地達到52年了。我出生於東京下町的一個小型工廠家庭，像一般的孩子一樣，我也喜歡甜點，但並不是每天能接觸到高級的西式甜點。身邊常見的甜點是工廠師傅們當作點心的麻糬糕點、硬的烤仙貝、炒豆，而西式甜點則是明治、森永的板狀巧克力，以及附近奶茶店裡的奶油泡芙(Choux)，偶爾家裡會帶我去淺草或銀座的西點店，這算是比較高級的享受了。從沒想過，自己的生活會沉浸在甜點中。

一切的開始源自大學入學考試的失敗。當時的我完全沒有未來的目標，也無法想像過重考生的生活。經過一番思考，我決定進入一所為期一年的料理學校。那段日子比高中三年要有趣得多。

為了學習法國料理中的法語，我還去Athénée Français學校上課，和志同道合的朋友一起參觀法式餐廳，一年很快就過去了。即將畢業時，從學務處聽說了專門製作甜點的新課程，與父母商量後，得到了他們的許可，於是我進入此課程學習。在那裡，遇見了我的老師—宮川敏子。

課程中的大多數講師都是西點店的老闆或職人，而宮川女士則顯得與眾不同，她是一位讓人感到奇妙的夫人(當時我覺得她如同祖母一般)。她的周圍總是有一種悠閒的氛圍，雖然她的手工

4

在參考本書製作甜點時，
請務必先閱讀介紹文字、材料表、準備工作，
以及每個步驟的說明文字與照片。
即使是第一次製作甜點，
很多人也會只跟著步驟照片開始製作。
這樣精心製作的甜點若因小失誤而失敗，
實在太可惜了。
家庭式的甜點即使不必在展示櫃中搶眼，
也要簡單而高雅地完成。
如果能在您製作甜點時，
將本書放在身邊，我會感到非常榮幸。

相原一吉

並不特別靈巧，但她製作的甜點總是高雅而美味。在同學中，她的人氣也越來越高。當導師問我們「有一天的空閒，是否要去參觀什麼地方？」時，我們的回答竟然是「想去宮川老師的家拜訪」。

全班同學（14、15人）一起去拜訪了她在目白台的小教室。當時，我完全沒有想到這裡會成為我的工作場所。接近畢業時，導師告訴我「宮川老師問您畢業後有何打算？」原來她正在尋找一位男性助手，條件是能做料理的男生。班上的同學除了我以外，全都是女生，符合條件的也只有我一個人。

於是，1973年，我的甜點助手生涯開始了。當時，宮川老師非常忙碌，除了目白台的教室外，還要在文化中心上課，為女性雜誌與書籍拍攝內容，經常到深夜才回家，我也被她的甜點熱情所感染。1976年，我辭去助手工作，前往法國的製菓學校—雷諾特學校（École Lenôtre）學習。翌年，我重新回到她的助手崗位，直到1983年宮川老師突然去世。

這也成為我「沉浸在甜點生活」的開端。

關於材料

小麥粉

依據蛋白質含量，可分為高筋麵粉、中筋麵粉和低筋麵粉。一般來說，麵包使用高筋麵粉，而甜點則使用低筋麵粉。本書中提到的材料，全部使用低筋麵粉。儘管烘焙材料店有各式各樣的低筋麵粉，但我毫不猶豫地選擇在超市等地方也容易買到的「フラワー」（編註：日清低筋麵粉）。手粉時則使用質地較為細緻的高筋麵粉。

砂糖、細砂糖

本書中提到的「砂糖」即是細砂糖。當然也可以使用上白糖。兩者的區別在於，細砂糖是幾乎純粹的蔗糖，而上白糖在加工過程中撒上了叫做「ビスコ（Bisco）」的轉化糖漿，使得質地較為濕潤。這種轉化糖的作用會讓製作出的戚風蛋糕（Chiffon）顏色較深，口感稍顯濕潤。在製作焦糖醬

時，這類糖較容易燒焦，因此要特別小心。想要素樸的甜味時，則可以使用無漂白蔗糖。

糖粉

糖粉是將細砂糖研磨而成，法文稱作「Sucre glace」。這兩種名稱都是指用來製作糖霜的糖。在本書中，也會提到將糖粉溶於水來製作糖霜（Icing）。糖粉在麵團製作中經常使用，特別適合水分含量較低的麵團，如磅蛋糕和酥餅。因為糖粉容易與麵團融合，且容易溶解。如果使用顆粒較大的砂糖（如細砂糖）製作磅蛋糕，表面會出現白色斑點。另外，當特意使用細砂糖的脆口感時，會製作出酥點時通常使用無鹽奶油，並非不能使用含鹽奶油。糖。糖粉在潮濕空氣或糕點料理經常使用含鹽奶油，當料的水分影響下容易溶解，因然會帶來一些鹹味。近來，此有一種名為「防潮糖粉」主要使用無鹽的發酵奶油，我的商品，雖然方便，但因風發酵奶油變得非常有名，我味不佳，我並不推薦使用。此外，這類糖粉不適用於

雞蛋

本書中雞蛋的用量是以顆數計算，每顆蛋連殼重約60～65克，去殼後重約50～55克。如果雞蛋過大，則可以適量減少蛋白的使用。製作某些甜點時，會提前將雞蛋放置於室溫，進行溫度控制。

奶油

奶油是由牛奶製成，含有80%以上的乳脂肪，水分含量低於17%。法式甜點的靈魂便是奶油，因此要選用風味佳且新鮮的奶油。製作甜點通常使用無鹽奶油，但並非不能使用含鹽奶油。在法國布列塔尼地區，甜點和料理經常使用含鹽奶油，當然會帶來一些鹹味。近來，主要使用無鹽的發酵奶油，發酵奶油變得非常有名，我主要使用無鹽的發酵奶油，但無法一概而論說這種奶油

一定比其他的好，因為不同品牌的風味差異很大。請選擇您喜愛的奶油。

鮮奶油

鮮奶油和奶油一樣，都是由牛奶製成，乳脂肪含量35～47%的產品適合製作鮮奶油香醍（Crème Chantilly），但我通常使用乳脂肪含量較少35～36%的鮮奶油。由於這類鮮奶油較難打發，需倒入冰涼的小型玻璃碗中，並使用手持電動攪拌器進行打發。當然，也可以使用下墊冰水冷卻的不鏽鋼盆來打發。乳脂肪含量高的鮮奶油更容易打發，因此使用手打反而較為安全。製作甜點時，我使用容器上標示為「クリーム（Cream）」的是不含添加劑的產品，雖然操作較為困難，但我推薦使用此類產品。

杏仁

杏仁有多種形狀，如整顆、片狀、切丁和粉末。在

杏仁片

杏仁粉

杏仁粒

本書中，經常使用的杏仁粉因其表面積較大，最容易變質，因此需格外小心保存。

另外，市場上也有摻入玉米澱粉的杏仁粉，建議使用100%純杏仁粉。近來，烤過的整顆杏仁很常見，雖然方便，但其氧化速度較快，使用時需留意。

小麥粉

雞蛋

細砂糖

糖粉

奶油

【瞭解烤箱的中火溫度】

本書將烤箱的設定溫度分爲中溫和高溫。烘焙時間則作爲參考。標示的溫度是我所使用的烤箱溫度，這僅僅做爲參考。之所以稱爲參考，是因爲即使顯示爲180℃，我的烤箱和大家的烤箱在上火、下火的強度，以及烤箱內部的熱分佈情況，都會因烤箱的不同而有所差異。

重要的是要瞭解自己烤箱的中溫。這需要實際烘焙一次，確定能達到良好狀態的烘焙時間。首先，讓我們試著烤一個海綿蛋糕（p.11）。如果在大約25分鐘內能烤出良好的狀態，那麼這個溫度就是烤箱的中溫。

同樣地，如果用甜麵團（Pâte Sucrée）製作的餅乾（p.41）在同樣的中溫下烤，便可以瞭解烤箱的烘焙特性。

一般來說，對流烤箱的下火似乎較弱。烘焙時，如果下火過弱，會造成困擾，因此特別是環形模和庫克洛夫模（Kouglof），建議不要使用烤盤，直接將模型放在網架上烘焙。反之，如果下火過強，則需要疊加烤盤。如果在烘焙過程中表面開始焦黑，可以用鋁箔覆蓋。隨著不斷的觀察和改進，烘焙技術會逐漸提升。

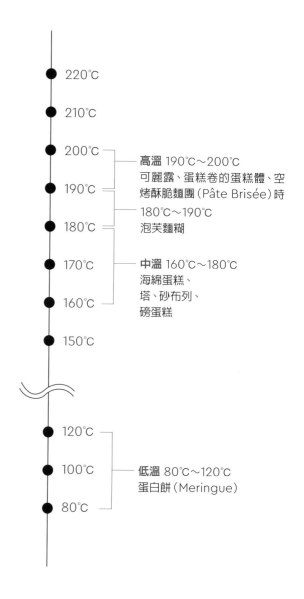

220℃

210℃

200℃ — **高溫** 190℃～200℃
可麗露、蛋糕卷的蛋糕體、空烤酥脆麵團（Pâte Brisée）時

190℃ — 180℃～190℃
泡芙麵糊

180℃ —

170℃ — **中溫** 160℃～180℃
海綿蛋糕、
塔、砂布列、
磅蛋糕

160℃ —

150℃

120℃ — **低溫** 80℃～120℃
蛋白餅（Meringue）

100℃

80℃

1

全蛋的「全蛋打發法」

海綿蛋糕
Génoise

一聽到「法式甜點」，首先浮現在腦海中的大概是「海綿蛋糕」吧？

海綿蛋糕既可以作為草莓蛋糕、生日蛋糕等裝飾蛋糕（法語稱為「Entremet」）的基底，也是本書中添加杏仁粉製作，作為蛋糕卷等甜點的基礎。

接下來，我將稍微說明一下這些甜點的名稱。「Sponge cake」這個詞來自英文。在法語中，所有的海綿蛋糕都被統稱為「Biscuit」。按照製作方法進一步分類，蛋白蛋黃一起打發的（全蛋打發法）稱為「Génoise」，而將蛋黃和蛋白分開打發的（分開打發法）則稱為「Biscuit」。

我們將製作出濕潤柔軟的「Génoise」，並進一步製作草莓蛋糕。

海綿蛋糕
Génoise
作法 p.12

1

將雞蛋打入鋼盆中，用手持電動攪拌器稍微打發，然後下墊60℃的熱水高速打發。將打蛋器的攪拌棒輕輕接觸鋼盆底，另一隻手緩慢旋轉鋼盆，使蛋液均勻打發。

2

將糖分3次加入，繼續打發。

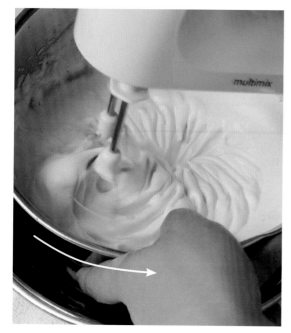

3

當蛋液溫度達到約40℃（類似於微溫）時，從熱水浴中取出，鋼盆底放置於冷水中，繼續打發。

海綿蛋糕製作步驟

麵糊製作

溫暖的蛋（特別是全蛋）比較容易打發。另一方面，若在加入麵粉時蛋液尚未冷卻，會激發麵筋的黏性，導致海綿蛋糕變得沉重。因此，將蛋液隔水加熱或置於冷水中降溫都是為了避免這樣的結果。

材料（適用於直徑20～22cm的模型1個）
蛋…3顆
細砂糖…90g
低筋麵粉…90g
無鹽奶油…60g（可減少至30～50g）

> 以每顆蛋（含蛋殼）重60～65g為標準，糖與低筋麵粉各用30g，奶油則用10～20g為基準比例。若使用直徑20～22cm的模型，材料量需乘以3倍。雖然蛋的大小有所不同，但3顆蛋的總重量在190～200g之間即可。

準備
· 將蛋回溫至室溫。
· 準備模型（參見p.126）。
· 將烤箱預熱至中溫。
· 準備約60℃的熱水浴。
· 將奶油隔水加熱融化，保持溫熱狀態。

6

用打蛋器從鋼盆的另一端經過底部攪拌，將麵糊高高舀起並抖落，同時旋轉鋼盆，讓麵粉與蛋糊均勻混合。

7

當麵粉幾乎看不見時，加入剩餘的麵粉，繼續以同樣方式攪拌，直至麵粉完全混合。

4

打發至蛋液足夠膨鬆後，將手持電動攪拌器換成打蛋器檢查打發狀態。

＊若蛋液舀起後迅速流下，則打發不足；若停頓片刻後才落下，則達到理想狀態。

5

將過篩後的低筋麵粉分2次加入。

入模烘烤

10

換用橡皮刮刀，將鋼盆邊的麵糊刮下，迅速攪拌均勻。

11 將麵糊一次倒入已準備好的模型中。

12

收集鋼盆內殘餘的麵糊，填入模型邊緣，確保受熱均勻。

8

將熱水浴保溫的奶油每次以1大匙，逐次加在麵糊表面。

＊分次加入奶油是為了防止奶油積聚於鋼盆底，若一次加入會難以混合，反而會壓壞麵糊的氣泡，導致麵糊變得黏稠。

9

用打蛋器將麵糊舀起並高高抖落，將奶油混入麵糊中，重複此過程直到全部奶油混合完畢。

POINT

清理攪拌器上的麵糊

用手指夾住2～3根鋼絲，從手柄向前滑動，反覆幾次即可清理乾淨。

16

再次翻轉，使蛋糕表面朝上冷卻。

> *若蛋糕表面朝下，容易與網架沾黏。

13

在麵糊表面噴些水霧，將模型放入中溫烤箱，烘烤20～30分鐘。用指腹輕觸表面中央，若感覺有彈性即表示已烤熟。

> *若不確定是否烤熟，可以用竹籤插入中央，若沒有沾黏麵糊即表示完成。

鬆開雙手讓蛋糕落至工作檯

> *將剛烤好的海綿蛋糕敲擊桌面「shock」，能避免冷卻後塌陷。這是因為震動能迅速讓內部的熱氣與外界冷空氣交換，促進冷卻，這一個技巧也適用於吐司。

14

將一塊濕布放在工作檯上，模型從約30～40cm的高度平平的向下敲擊桌面，給蛋糕一個「shock」。

15

將網架放在蛋糕表面，然後倒扣脫模。

草莓鮮奶油蛋糕
Gâteau à la fraise

蓬鬆的海綿蛋糕搭配輕盈的鮮奶油香緹（Crème Chantilly），再加上鮮紅可愛、酸甜適中的草莓，這無疑是完美的組合。Crème Chantilly是加入糖後打發的鮮奶油，以位於巴黎郊外的香緹城堡命名，據說這款鮮奶油發明於此城堡的廚房。在海綿蛋糕的夾層中，我加入了自製的覆盆子果醬，這鮮豔的紅色與豐富的風味爲蛋糕增添了高雅氣息。

材料
海綿蛋糕（參見p.12）…1個
草莓（小顆）…400g
覆盆子果醬（參見p.122）…80g
酒糖液（參見p.122）…適量

鮮奶油香緹
┌ 鮮奶油…約350g
└ 細砂糖…35g（約爲鮮奶油的10％）
糖粉…適量

鮮奶油香緹用量
┌ 夾層用…120g
│ 表面用…120g
└ 邊緣裝飾…100g

準備工具
· 切片專用檯
· 轉台
· 刀具
· 抹刀
· 耐熱玻璃小碗
· 擠花袋與擠花嘴

POINT

製作鮮奶油香緹

Crème Chantilly 若不立即使用，會釋出水分影響質地。因此，建議不要一次將全部鮮奶油打發，應分別爲夾層、表面、邊緣裝飾各自打發。我通常不使用冰水，而是將小型玻璃碗放入冷凍庫充分冷卻後再進行打發。若使用冰水冷卻後進行打發，建議使用導熱性良好的不鏽鋼碗。

草莓蛋糕
Gâteau à la fraise
作法 p.18

4

將切半的草莓交錯地放入鮮奶油香緹中，避免放在蛋糕中央以便分切。將剩餘的鮮奶油香緹舀入塗抹均勻。

5

將下半部的海綿蛋糕切面刷糖漿，然後疊在步驟4的蛋糕上。

6

輕輕按壓蛋糕表面使其密合，再刷上一層糖漿。

7

打發表面用的鮮奶油香緹，稍微打得軟一些，然後將全部鮮奶油香緹放在蛋糕中央。

蛋糕裝飾

在開始裝飾之前，先確認材料和工具是否都準備齊全。

＊我自己製作了一個切片專用檯，用2cm立方的木條黏在木板上。將海綿蛋糕放在檯上，然後將刀靠著木條，像鋸子一樣來回移動，可以均勻地切出厚度一致的蛋糕片。準備1cm或1.5cm高度的專用檯會更方便。

1

將海綿蛋糕橫切成兩片，把上半部翻面放在轉台上。

2

在蛋糕表面刷上糖漿，再均勻塗抹覆盆子果醬。草莓不用洗，如果有髒污可用刷子輕輕刷去。去掉草莓蒂，夾層內的草莓切半。

3

在充分冷卻的玻璃碗中加入夾層用的鮮奶油和砂糖，用電動攪拌器中速打發至適當的硬度，鮮奶油過於稀軟會流出。將一半鮮奶油香緹放在果醬上，用抹刀均勻塗抹平整。

10

清除多餘的鮮奶油香緹，並將抹刀的尖端稍微插入蛋糕與轉台之間，轉動一圈，讓蛋糕與轉台分離。將去蒂的草莓美觀地堆放在中央。

8

用抹刀均勻鋪開奶油，轉台邊轉動，邊將多餘的鮮奶油香緹向外推開。此時抹刀與蛋糕保持平行，手前側的抹刀稍微抬高約30°。

9

完成上層裝飾後，將抹刀豎直放在側面，同樣稍微抬高手前側約30°，固定抹刀，轉動轉台將鮮奶油香緹均勻塗抹在側面。

11

邊緣用的鮮奶油香緹應比表面用的稍微打得硬一些，將其放入裝有大口徑（16㎜六齒星形）花嘴的擠花袋中，以穩定的節奏在蛋糕邊緣擠花。

＊將蛋糕在冰箱冷藏一段時間，可以讓蛋糕穩定，更容易分切。將蛋糕移至盤中，並在草莓上篩糖粉。

擠花袋的使用方法

3 將擠花袋口扭緊，並用慣用手的拇指和食指夾住，保持穩定節奏擠花。

2 將擠花袋口翻折，套在口徑較大的量杯上，將鮮奶油香緹倒入後將翻折的部分重新拉起。

1 將擠花嘴放入擠花袋中，並將擠花袋前端扭緊塞入花嘴防止鮮奶油香緹溢出。

準備好擠花袋和花嘴。

材料（直徑20～22cm模型1個）
雞蛋…3個
砂糖…90g
檸檬皮碎…1個
檸檬汁…2～3小匙
苦杏仁精…2～3滴
┌ 低筋麵粉…60g
└ 杏仁粉…60g
奶油…60g

準備
・將雞蛋恢復至室溫。
・準備模型（參見p.126）。
・將烤箱預熱至中溫。
・準備約60℃的熱水浴。
・將奶油隔水加熱融化，並保持溫熱。

1 將杏仁粉過篩去除結塊（a），與低筋
　麵粉混合後再過篩一次。
2 參見p.12～13的海綿蛋糕步驟1～4
　來製作麵糊，並加入檸檬皮碎、檸檬
　汁（b）、苦杏仁精。然後參見p.13～
　14的步驟5～10完成麵糊製作。
3 用橡皮刮刀將麵糊倒入準備好的模型
　中，表面輕輕噴灑水霧，放入預熱的
　烤箱以中溫烘烤20～30分鐘。
4 烤好後，將模型從30～40cm高處輕
　輕摔落在鋪有濕布的工作檯上。隨
　後將冷卻架放在模型上，將蛋糕倒
　扣（c）脫模，在冷卻架上冷卻。最後
　可依個人喜好篩上糖粉裝飾。

在海綿蛋糕的麵糊中加入杏仁粉，並使用漂亮的模型來烘烤。請參見比對 P.12 的配方，雞蛋、糖、奶油的量保持不變，但低筋麵粉減少至60g，並加入60g的杏仁粉。低筋麵粉對於海綿蛋糕的結構支撐有重要作用，而杏仁粉的結構支撐力只有麵粉的一半。因此，若要加入60g的杏仁粉，低筋麵粉僅需減少30g。製作方法與基本海綿蛋糕相同，另外加入檸檬皮碎、檸檬汁，並滴入 2～3 滴苦杏仁精（Bitter almond essence），能讓蛋糕更具杏仁風味。

杏仁海綿蛋糕
Génoise aux amandes

這是一款輕盈的蛋糕卷，以海綿蛋糕作為基底，配方中使用3顆雞蛋，砂糖與低筋麵粉的比例減少，每顆雞蛋僅需20g粉，這是專為蛋糕卷設計的配方，使其更容易捲起。配方中的另一個最大的不同，在於低筋麵粉的混合方式，若麵粉攪拌不足，質地會變得粗糙，無法順利從紙上脫離，口感也會顯得粗糙。另外，烘烤時需確保底部不著色，雖然沒有烤上色，但火候足以讓麵糊熟透。由於我的烤箱底火較強，我會將烤盤重疊以調節火力。內餡則使用加入覆盆子果醬的粉紅色鮮奶油，風味鮮明。此外，還可以用奶油霜（Butter cream）或巧克力鮮奶油等不同的餡料替代，做出不同變化。

覆盆子鮮奶油
蛋糕卷

Roulé à la framboise

麵糊製作

參見 p.12～13 的步驟1～4，將雞蛋隔水加熱後打發，加入砂糖，充分打發後，下墊冷水冷卻。由於雞蛋中的糖較少，因此比一般海綿蛋糕更加輕盈。低筋麵粉的量較少，需過篩一次後一口氣加入，並用打蛋器充分混合。即使粉已看不見，仍需繼續攪拌，以打蛋器舀起時，麵糊的狀態應能滑順落下並融入鋼盆內。

＊攪拌麵糊的次數比製作海綿蛋糕時更多，約需攪拌60次。

材料（28×28～30×30㎝烤盤1個）

蛋糕卷麵糊
- 雞蛋…3個
- 砂糖…60g
- 低筋麵粉…60g

含酒精的糖漿（參見p.122）…適量

覆盆子果醬鮮奶油
- 覆盆子果醬（參見p.122）…75g
- 鮮奶油…150g

準備
- 將雞蛋恢復至室溫。
- 在烤盤底部鋪上烘焙紙（參見p.127）。
- 將烤箱預熱至高溫（約200℃）。
- 準備約60℃的熱水浴。

5

烘烤完成後，將烤盤輕輕敲擊桌面，然後將蛋糕體移至網架上冷卻。

> *如果不立即使用，請將蛋糕體放入大塑膠袋中，避免乾燥。記得將塑膠袋充氣，避免袋子沾黏在蛋糕表面。

塗抹鮮奶油並捲起

6

將蛋糕體周圍的紙撕掉，然後將新的烘焙紙覆蓋在表面，將蛋糕體翻面。輕輕地從四周向內撕掉底部的烘焙紙。將撕下的紙重新鋪在蛋糕體上，並將蛋糕體和底部的紙一起翻回來。

> *撕下的紙可以當作竹簾使用，因為它已經濕潤，操作起來更方便。

7

將一邊作為捲的結尾處，斜切約1cm，另一端每隔1.5cm劃出5～6條淺刀痕，便於捲起。

將麵糊倒入烤盤並烘烤

1

將麵糊一次倒入鋪有烘焙紙的烤盤中央。

2

使用橡皮刮刀將麵糊均勻攤開至四個角落。

3

刮板以傾斜約30°的角度貼著麵糊，沿著烤盤平行移動，每完成一邊後，將烤盤旋轉90°，接著平整下一邊。

4

噴上適量的水霧，放入約200℃的烤箱中烘烤10～12分鐘。

11

使用底紙作為竹簾,從前端開始捲起。捲的起點將成為蛋糕卷的中心,所以這部分要捲得緊實,否則整體會顯得鬆散。捲起時應像做出核心一樣捲緊。

12

捲的過程中隨時調整鬆緊度,確保緊實。

13

捲好後將蛋糕卷放入冰箱,並讓其冷卻,直到鮮奶油變得穩定為止。

8

輕輕塗抹上一層含有酒的糖漿。

＊糖漿塗得太多會讓蛋糕變得黏膩。

9

製作鮮奶油。將覆盆子果醬和鮮奶油放入冰涼的碗中,使用電動攪拌器低速攪打,使果醬與鮮奶油充分混合,均勻後轉中速繼續打發。

＊鮮奶油打得過頭會失敗,但太軟又無法捲起。鮮奶油應比塗抹在草莓蛋糕上的硬一些。由於果醬中的果膠作用,這款鮮奶油相對穩定。

10

將所有覆盆子鮮奶油放在蛋糕體的中央,先縱向大致攤開,然後用抹刀左右抹勻。捲的起點和結尾的蛋糕體,鮮奶油量要稍微少一點,其他部分保持均勻。

從我還是孩子的時候開始，就知道「瑪德蓮」這款點心。當時的瑪德蓮是使用淺菊花形烤模，鋪上紙襯後烘焙而成，並未特別引起我的興趣。然而，當我進入東京駒込的一所烹飪與製菓專門學校後，學校附近有一家名為「東京カド」的法式甜點店，我在那裡遇見了貝殼形的瑪德蓮，被它的美麗外形深深吸引。在老師的教室中，貝殼形瑪德蓮也是經典的甜點之一。老師喜歡自創的輕盈瑪德蓮。

隨著我後來拜訪法國洛林（Lorraine）地區以瑪德蓮聞名的小鎮科梅爾西（Commercy），我對瑪德蓮的看法逐漸改變，這款瑪德蓮因此誕生。這是我經過不斷改良的成果，但實際上是回歸到法國的傳統製作手法。儘管製作過程中不會刻意將雞蛋打發。取而代之的是加入泡打粉，麵糊在烘烤時會產生二氧化碳氣體，讓它膨脹成可愛的形狀。但我認為它仍屬於海綿蛋糕類。

這款點心富含大量的奶油，並且經過充分烘烤，不僅能保存更久，也能隨著時間品味其口感和風味的變化，堪稱是最具家庭風味的點心之一。

瑪德蓮
Madeleine

1 將雞蛋放入碗中，加入鹽，用手持電動攪拌器攪打均勻。再加入砂糖，攪拌至砂糖完全溶解。

2 加入檸檬皮屑和檸檬汁，拌勻。

3 將麵粉分 2 次加入，每次都用橡皮刮刀攪拌，直到看不見麵粉為止。

> ＊不用擔心出現黏性。

4 將融化的奶油一次加入（a），攪拌至均勻，奶油完全看不見為止。蓋上保鮮膜，放在涼爽的地方靜置片刻。

> ＊雖然可以立即烘烤，但靜置麵糊可以讓味道更融合，質地更細膩。

5 輕輕攪拌麵糊至均勻，然後裝入擠花袋，分裝至準備好的模型中，約八分滿（b）。噴上一點水霧，放入預熱好中高溫烤箱，烘烤約15分鐘。

> ＊小型糕點需要以較高溫烘烤，避免烤太久變乾。烤箱溫度應比烘烤海綿蛋糕時高約20℃。

6 烘烤完成後，將烤模向下輕輕敲擊鋪有濕布的工作檯，然後立刻倒扣在網架上，脫模冷卻。

瑪德蓮

材料（15～16個瑪德蓮模）

雞蛋…2個（淨重約100g）

鹽…1小撮

砂糖…120g

檸檬皮碎…½～1個

檸檬汁…2小匙

低筋麵粉…120g

泡打粉…⅔小匙

奶油…100g

準備

・準備模型（參見p.126）。

・將低筋麵粉與泡打粉混合過篩。

・將烤箱預熱至中高溫。

・準備60℃左右的熱水浴，融化奶油。

香蕉瑪德蓮
Madeleine à la banane
作法 p.28

瑪德蓮
Madeleine
作法 p.26

香蕉瑪德蓮

材料（瑪德蓮模型及6.5cm塔模合計約18個）

- 香蕉…100g（淨重）
- 鹽…1小撮
- 砂糖…100g
- 雞蛋…1個（淨重50g）
- 香草精…幾滴
- 低筋麵粉…125g
- 泡打粉…1小匙
- 奶油…100g

準備

- 準備模型（參見p.126,127）。
- 將低筋麵粉與泡打粉混合過篩。
- 將烤箱預熱至中高溫。
- 準備60℃左右的熱水浴，融化奶油。

1 將香蕉、鹽、砂糖、雞蛋和香草精放入攪拌杯中，用手持電動攪拌器攪拌至均勻（a）。

　＊使用果汁機或食品處理機也可以。

2 將攪拌好的材料倒入鋼盆中，像製作瑪德蓮一樣，將麵粉分2次加入，攪拌均勻，然後加入融化的奶油，一樣攪拌至均勻。

　＊這款麵糊不需要靜置，可以直接烘烤。

3 在塔模中鋪上紙襯，將麵糊裝進擠花袋，擠入塔模（b）。同樣擠入瑪德蓮模型中，噴上一點水霧，然後放入預熱好的中高溫烤箱，烘烤約15分鐘。杯狀的蛋糕冷卻後，用鮮奶油香緹（分量外）裝飾即可（c）。

過去我一直在製作「香蕉蛋糕」，也就是「Pain de banane」。當時，剩餘的麵糊我會用來做杯子蛋糕。這讓我想到可以做成「瑪德蓮」，於是我改良了配方，讓它更接近瑪德蓮的風味。我還用塔模和紙襯，重現了傳統的瑪德蓮樣式。使用可以直接烘烤的烘焙紙杯也非常方便。不過，由於香蕉的水分含量高，這款甜點不像瑪德蓮那樣容易保存。

油炸糕點

香克利
Schenkeli

香克利是一款瑞士狂歡節的油炸甜點，「Schenkeli」這個名稱意思是「大腿」。這款點心常被製作成橢圓長條狀，中間會鼓起來，故名為「大腿」。

在這裡，我用大的星形花嘴，將麵糊擠成倒S形和環形。這是我初次成為課堂助理時學習的甜點，當時我對烤箱的使用還不熟練，但香克利是一款讓我感到安心且容易製作的點心。它帶有瑞士風味、加入杏仁粉，並有著美麗的外形，是我之前從未見過的甜甜圈。我認為這是最簡單製作的瑞士甜點之一。

1 將低筋麵粉、杏仁粉和泡打粉混合過篩。

2 在鋼盆中放入雞蛋，攪拌均勻。加入鹽和砂糖，用打蛋器攪拌至砂糖溶解，然後加入融化的奶油、檸檬皮碎和檸檬汁，攪拌均勻。

3 移除打蛋器，加入篩好的粉類，用橡皮刮刀攪拌至看不見粉末為止。

4 將麵糊放入裝有星形花嘴的擠花袋，擠在烤盤紙上（a）。將烤盤紙直接放入150～160℃的熱油中（b），不要馬上翻動，慢慢炸至中心熟透。瀝乾油後撒上糖粉即可。

a

b

材料（10～12個）

雞蛋…1個
鹽…1小撮
砂糖…50g
奶油…25g
檸檬皮碎…½個
檸檬汁…1～2小匙
┌ 低筋麵粉…100g
│ 杏仁粉…25g
└ 泡打粉…¼小匙
油炸用油、糖粉…各適量

準備
・準備60℃左右的熱水浴，融化奶油。

2

分開蛋黃與蛋白的「分蛋打發法」

磅蛋糕

Quatre-quarts

這款蛋糕起源於英國。油、砂糖、雞蛋和麵粉。在英國，它被稱爲「磅蛋糕」（Pound Cake），因爲這四種材料各用一磅。而在法國，這款蛋糕則被稱爲「Qua-tre-quarts」，意思是每種材料佔總份量的四分之一。

製作方法的第一步是將奶油攪拌至充滿空氣、變得蓬鬆，這個過程稱爲「Crémer」。這款蛋糕的關鍵在於奶油的軟硬度，要保持在適合打發的狀態。

至於添加在蛋糕中的果乾和堅果，並沒有特別的限制，但建議使用量應該是麵粉的200%。當然，少一點也無妨，這取決於個人喜好。照片中的水果磅蛋糕，我加

入了300g，相當於麵粉的300%。

適合這款蛋糕的果乾包括蘭姆酒漬葡萄乾、糖漬橙皮、醃漬紅櫻桃、無花果乾和李子乾等。如果無花果乾較硬，爲了讓它和蛋糕更加融合，將它可以參見英國的作法，泡在熱紅茶中，或是浸泡在蘭姆酒等酒類中進行軟化。

市售的醃漬紅櫻桃並不是所有人都喜歡，我也是其中之一。不過，爲了讓蛋糕有更華麗的外觀，我會先將它泡在櫻桃白蘭地中一段時間再使用，當然，蘭姆酒或白蘭地也能讓蛋糕變得十分美味。至於堅果，整顆的杏仁會偏硬，因此核桃是非常適合的選擇。

水果磅蛋糕
Plum-cake
作法 p.32

製作麵糊

1

將軟化的奶油放入鋼盆中，加入鹽，使用打蛋器攪拌。當拉起打蛋器時，奶油尖端呈現柔軟的狀態即可。

2

分3次加入糖粉，每次加入後都充分攪拌，使奶油呈現打發狀態。

＊打發奶油的過程稱為「Crémer」，目的是讓奶油攪拌後飽含空氣，雖然效果不如打發蛋白明顯，但仍能使奶油蓬鬆。

3

加入蛋黃並混合均勻。蛋白則另外放入鋼盆打發成蛋白霜。

製作水果蛋糕

材料（20×8×高6㎝，900ml 容量的磅蛋糕模型1個）
奶油…100g
鹽…少許
糖粉…50g
蛋黃…2顆
杏仁粉…30g
檸檬皮碎…1顆
檸檬汁…1～2大匙
蛋白霜
┌ 蛋白…2顆
└ 糖粉…50g
蘭姆酒漬葡萄乾、糖漬橙皮、無花果乾、
　糖漬紅櫻桃…總計300g
低筋麵粉…100g

準備

- 將蛋放置至室溫。
- 軟化奶油。
- 準備模型（參見p.127）。
- 預熱烤箱至中溫。
- 糖漬橙皮、無花果乾、糖漬紅櫻桃切碎後與蘭姆酒漬葡萄乾混合。

＊奶油需要放置到室溫，用手指壓下去能輕鬆陷入即可。或者可以將100g冷藏奶油（5℃）放入500W的微波爐加熱10秒，若仍然太硬，可上下翻面再加熱7～8秒。

6

製作蛋白霜。蛋白中分3～4次加入糖粉，每次加入後都用攪拌器打發，直到形成堅硬的蛋白霜。首先用低速～中速攪打蛋白，使其鬆散，加入第1次糖粉後轉高速打發。當蛋白尖角挺立時，加入第2次糖粉，重複這個過程，直到製作出穩固的蛋白霜。

4

中途檢查奶油的軟硬度，當打蛋器拉起時，奶油應呈現柔軟的尖角。

＊若奶油過於鬆軟，可將鋼盆底部放入冰水中冷卻；若室溫過低，奶油過硬，可稍微加熱鋼盆底部。

7

將一半的混合果乾加入步驟5的奶油糊中，並均勻混合。

＊若習慣使用刮刀的話，也可以改用刮刀來混合。

5

依序加入杏仁粉、檸檬皮碎和檸檬汁，混合均勻。

9

當蛋白霜大致看不見時，篩入一半的麵粉，繼續攪拌直到看不見麵粉，再加入第2次的蛋白霜。

10

篩入剩餘的麵粉，並加入剩餘的混合果乾，繼續混合。

11

最後加入剩餘的蛋白霜，攪拌至看不見蛋白霜為止。

8

將蛋白霜分3次、麵粉分2次加入杏仁奶油糊中。先加入⅓的蛋白霜，從底部輕輕舀起杏仁奶油糊，讓它從打蛋器的間隙中抖落並混合均勻。

14 模型在濕布上輕輕向下敲打，使麵糊中的大氣泡排出，並在表面噴水霧。將模型放入已預熱的中溫烤箱中烘烤。

15 觀察烘烤情況，烤約40～50分鐘。取出模型後，在濕布上從5～6cm的高度輕敲數次，拿著兩端的烘焙紙將蛋糕從模型中取出，移至冷卻架上。

＊烘烤完成的標準是將蛋糕表面的裂縫烤至乾燥，若不確定，可用竹籤插入蛋糕中心，確認是否沒有生麵糊沾黏。蛋糕十分脆弱，因此不要像海綿蛋糕那樣從高處摔落。此外，請注意避免蛋糕體碎裂。

麵糊入模並烘烤

12 換用刮刀，在鋼盆內將麵糊從底部翻拌，確保整體均勻。

13 倒入準備好的模型中，盡量避免沾到模型邊緣，用刮刀輕輕平整表面。

POINT

將打蛋器上殘留的麵糊徹底刮乾淨

方法是將2～3根鋼絲夾在指間，從手柄處往下滑動，重複這個動作。

材料（直徑20cm的蛋糕圓模1個）

奶油…120g

鹽…1撮

糖粉…60g

蛋黃…3個

藍罌粟籽…120g

蘭姆酒…1大匙

檸檬汁…1大匙

牛奶…50g（加溫至人體溫度）

蛋白霜
┌ 蛋白…3個
└ 糖粉…60g

低筋麵粉…80g

完成時篩糖粉…適量

準備

· 將蛋回溫至室溫。
· 將奶油軟化（參見p.32）。
· 準備模型（參見p.126）。
· 將烤箱預熱至中溫。

1 將軟化的奶油放入鋼盆中，加入鹽攪拌混合。將糖粉分3次加入，進行奶油打發（Crémer）。

2 加入蛋黃攪拌均勻，然後一次加入罌粟籽（a），充分攪拌。接著依序加入蘭姆酒、檸檬汁和牛奶（b），每加一項都要確認完全混合後再加下一項。

3 將蛋白打至硬性發泡的蛋白霜，將蛋白霜分3次、麵粉分2次篩入麵糊中。首先加入⅓的蛋白霜，攪拌至幾乎看不見蛋白霜為止。接著加入½的麵粉，再次攪拌。接著再加入⅓的蛋白霜、剩餘的麵粉和剩餘的蛋白霜，最後使用橡皮刮刀將碗邊的麵糊刮落，混合均勻後倒入準備好的模型（c），表面抹平並噴灑水霧。將蛋糕放入預熱的烤箱，烘烤約40～50分鐘。

4 烤好後，將蛋糕向下輕敲在舖有濕布的工作檯上，讓蛋糕熱氣排出。接著像海綿蛋糕一樣，將蛋糕從模型中取出，放在網架上冷卻（參見p.15）。最後，篩上適量的糖粉裝飾（d）。

這是一款大量使用罌粟籽的甜點。入口後，罌粟籽在牙齒間輕輕跳動，口感香脆、風味獨特。在法國不太常見，但如果你到巴黎的猶太區糕點店，就像乳酪蛋糕一樣，這款蛋糕絕對少不了。從中東到東歐、奧地利和德國等歐洲東部地區，罌粟籽被廣泛使用。這裡用的是「藍罌粟籽」，它的顏色從明亮的灰色到深灰色不等。當然，也可以用白色罌粟籽製作，但推薦使用藍色的。這款蛋糕的麵糊與水果磅蛋糕類似，但加入了50g的牛奶，這使得蛋糕更加濕潤、輕盈。這裡我們按照維也納風格，搭配了不加糖的打發鮮奶油（Crème fouettée）。

＊一定要在加入液體之前先加入罌粟籽，這樣罌粟籽可以吸收水分。

＊這裡使用了松露巧克力專用網來製作細網格紋裝飾，也可以使用烤網。

材料（直徑18cm的環形模1個）

奶油…120g

鹽…1撮

黑巧克力（Dark sweet chocolate, 可可含量約60%）…120g

蛋黃…3個

杏仁粉…60g

蛋白霜
┌ 蛋白…3個
└ 糖粉…60g

低筋麵粉…60g

準備

- 將蛋回溫至室溫。
- 將奶油軟化（參見p.32）。
- 準備60℃的熱水浴。
- 準備模型（參見p.126）。
- 將烤箱預熱至中溫。

1 將巧克力放入小鋼盆中，隔水加熱至60℃使其融化，取下後冷卻至不燙手的溫度。

2 將軟化的奶油放入另一個鋼盆中，加入鹽並攪拌至呈軟膏狀。然後加入1的巧克力混合均勻（a）。

3 加入3個蛋黃攪拌均勻（c）。蛋白要留待後面製作蛋白霜，暫時放在另一個鋼盆中備用。

4 將巧克力蛋糕打發並充分混入空氣。混入空氣後，顏色會像牛奶巧克力一樣變淺（d）。

5 加入杏仁粉拌勻，然後與水果磅蛋糕一樣製作蛋白霜，依次加入⅓的蛋白霜、½的麵粉、再⅓的蛋白霜、剩下的麵粉、最後剩下的蛋白霜。

6 換用橡皮刮刀，將鋼盆邊的麵糊刮落並混合均勻（e），倒入準備好的模型。這款麵糊質地輕盈，流動性不強，因此可在鋪有濕布的工作檯上輕敲模型幾次以排除氣泡，表面抹平並噴灑些水霧，然後放入預熱的烤箱，烘烤約40～50分鐘。

7 烘烤完成後，與水果磅蛋糕一樣，蛋糕裂縫乾燥時即為烘烤完成。若有疑慮，可用竹籤確認。將蛋糕連同模型一起輕輕敲擊鋪有濕布的工作檯，然後取出蛋糕。

8 搭配打發的鮮奶油（Crème fouettée）享用（f）。

這款蛋糕以《舊約聖經》中出現的女王名字命名。據說示巴王國位於今日的衣索比亞一帶。在法國，這款蛋糕通常使用普通的蛋糕模型（圓模）來烘烤，但因為是以女王命名的蛋糕，我們使用王冠型（日本的環形模）來烘烤。介紹的配方，口感酥脆，烘烤得非常激底。如果您更喜歡內部濕潤柔軟的口感，建議可以將低筋麵粉的用量減半。這款蛋糕的麵糊與P.31的水果磅蛋糕類似。

示巴女王蛋糕含有豐富的奶油和巧克力。如果冷藏，會變得非常硬且口感不佳。但如果您像下方照片中那樣淋上打發的鮮奶油，則需要冷藏，因此若您打算分批享用，建議像左頁那樣將打發的鮮奶油搭配在一旁享用。

示巴女王蛋糕
Reine de Saba

＊這款蛋糕的麵糊狀態十分重要。與其他奶油蛋糕一樣，需要透過打發奶油（Crémer）使麵糊充滿空氣。然而，由於含有對溫度敏感的巧克力，若溫度過低，巧克力會凝固。尤其是在冬天，寒冷的廚房裡打發時可能會感到攪拌棒無法順利轉動，或者如果材料太冷，也會導致巧克力凝固。最需要注意的是蛋的溫度。如果加入蛋黃後感覺麵糊變冷，可稍微加熱鋼盆底或稍微冷卻（b）進行調整。但如果加入冷的蛋白霜後導致麵糊凝固，則無法恢復。因此，保持室溫和材料的溫度非常重要。

＊我們在蛋糕表面像覆蓋上雪一樣舀上打發鮮奶油。這裡的鮮奶油未加糖，並打發至稍微柔軟的狀態。用大勺子將打發鮮奶油舀起，輕輕放在蛋糕上。每勺打發鮮奶油稍微重疊放置，圍繞蛋糕一圈。然後將網架稍稍水平抬起，再輕輕放至桌面，如此打發鮮奶油會慢慢往下滑。

f　　　　e　　　　d　　　　c　　　　a

3

以甜麵團（Pâte Sucrée）為基礎，使用幾種不同的麵團

砂布列與餅乾

Petits fours secs

這一章介紹的是砂布列（Sablé）和餅乾。這類餅乾在法語中被稱爲「Petits fours secs」或「Fours secs」，意指「乾燥的烘焙點心」。只要保持乾燥，它們可以保存較長時間，因此無論是忙碌或是悠閒時，您都能享受幸福的下午茶時光。當然，它們也是絕佳的禮物選擇。

照片最左邊的圓形砂布列（原味Sablé）是最簡單的。這種麵團名爲「Pâte sucrée」，直譯爲「甜麵團」，其味道、口感和容易製作的特性都達到了完美平衡，是一款萬能的麵團和點心。本書中的塔（Tart）和小塔（Tartelettes）也使用了這款麵團，可能也是我教室裡最常製作的種類。材料只有奶油、糖粉、蛋黃、麵粉4種（另加一些鹽）。當然，這也因個人口味而異，但基本上不需要添加香草等其他材料。只要準備好新鮮且高品質的材料，細心製作並烘焙，就能品嚐到奶油的香氣與烘烤後的酥脆感，堪稱「頂級甜點」。每次製作這款砂布列時，我總會想起熱愛它的宮川老師。

愛心形狀的砂布列使用的也是同樣的麵團。爲了增添色彩與口味的變化，我在表面塗了糖霜（Glacé）。中間的巧克力口味砂布列則是在甜麵團中加入可可粉，製作和整形的方式完全相同。

砂布列
Sablé simple
作法 p.44

糖霜砂布列
Sablé glacé
作法 p.45

巧克力砂布列
Sablé au chocolat
作法 p.45

製作麵團

1

將軟化的奶油放入鋼盆中，加入鹽，用打蛋器攪打至柔軟膏狀，尖端角度能立起。

2

分3次加入糖粉，每次充分攪打。

＊這步驟稱為(Crémer)，是將空氣打入奶油的步驟，這讓砂布列的口感變得輕盈。

3

加入蛋黃，攪拌均勻。

＊這是唯一加入的液體，若蛋黃過小無法使麵團成型，可加入蛋白補足至20g。

製作 Pâte sucrée 甜麵團

材料（適合製作量，約400g）
奶油…100g
鹽…1小撮
糖粉…80g
蛋黃…大的1個（20g）
低筋麵粉…200g

準備
· 將奶油軟化。
· 準備20g的蛋黃，若不足可加蛋白補足。

＊奶油需在室溫下放置一段時間，按壓包裝紙時手指能輕鬆壓入即可。或將冷藏（5℃）的奶油100g放入500W微波爐加熱10秒，若仍偏硬，可翻面再加熱7～8秒。

4

篩入⅓的低筋麵粉，攪拌至看不到粉末為止，然後將打蛋器清理乾淨。

＊沾黏在打蛋器上的麵團要完全取下。

5

加入剩餘的粉，改用橡皮刮刀攪拌至粉末完全消失。記得將鋼盆內側附著的粉也刮下。

6

用手指將麵團合攏，在鋼盆中轉動，沾取碎麵團讓鋼盆變得乾淨，確保麵團完全成型。

＊若此時麵團末完全濕潤整合，後續在擀平、壓模時會不易操作。

7

將麵團放入塑膠袋中，輕壓使其平整，放入冰箱靜置一晚。

＊儘管麵團含水量少，但靜置會讓麵粉吸收水分，避免烘烤後產生粉感。最少應靜置2～3小時。

4

掀開上層的塑膠袋，從邊緣開始用模型壓出形狀。

5

從塑膠袋下方用手指撐起壓切好的麵團，移至烤盤上。

＊不要從上方以手指直接翻起，會損壞麵團。

剩餘的麵團可以整合，再次壓切。

＊若麵團變軟難以處理，可放回冰箱冷卻。

6

將竹籤稍微剪短，刺穿麵團打孔，然後以中溫烤箱烘烤15～20分鐘，至表面呈現理想的金黃色。

成型與烘焙

甜麵團建議分成半量來操作，這樣比較容易處理。

1

從冰箱取出麵團，靜置後塑膠袋內的麵團變得易於操作。

＊天氣炎熱時，麵團會很快變軟，因此需適時將麵團放回冰箱冷卻。

2

取出一半麵團，將塑膠袋剪開，將麵團放在剪開的袋子之間，並用擀麵棍壓平。

3

待麵團稍微展開平坦後，將塑膠袋的四邊折至下方，繼續用擀麵棍將麵團均勻擀至4～5mm厚。

＊以塑膠袋包覆擀開的方式，可以調整麵團的厚度與大小，讓麵團擀得平坦，且直角工整。

巧克力砂布列

材料（可可甜麵團 Pâte sucrée，約40片6cm菱形餅乾）
奶油…100g
鹽…1小撮
糖粉…90g
蛋黃…1個
┌ 低筋麵粉…170g
└ 可可粉…30g

準備
・將奶油軟化（參見p.42）。
・可可粉以小濾網加入低筋麵粉中，以打蛋器
　混合均勻後過篩。
・準備20g蛋黃，若不足可加蛋白補足。

1

參見p.42～43的製作步
驟1～7，將低筋麵粉替換
為混合的可可粉＋低筋麵
粉製作麵團。

2

參見p.44的步驟1～4，
擀平麵團並用模型壓出形
狀，然後在中溫烤箱中烘
烤15～20分鐘。

> 由於可可粉的顏色較深，
> 因此需特別注意烤色。

心形砂布列

用愛心壓模壓出形狀，塗上糖霜（Glacé）。Glacé
在英語中稱為Icing，兩者的詞源皆來自「冰」。必
須使用糖粉來製作。趁砂布列剛烤好還熱的時候塗
抹，這樣乾燥得快，因此應提前準備好糖霜。

材料（方便製作的分量）
檸檬糖霜
┌ 檸檬汁…15g
└ 糖粉…約60g

> ＊可加入少許檸檬皮碎增添風味。

覆盆子糖霜
┌ 檸檬汁…15g
│ 糖粉…約60g
└ 冷凍乾燥覆盆子粉…3g

1

將檸檬糖霜和覆盆子糖霜的材料分別放入小容
器內，用橡皮刮刀攪拌均勻。

> ＊若太稀可加糖粉，太稠則加檸檬汁調整。這次我
> 將糖霜稍微調得稀一些，以達到輕薄的塗抹效果。

2

當砂布列剛從烤箱取出時，用刷子均勻塗上糖
霜。待冷卻後，糖霜可幾乎乾燥。若仍未乾燥，
可靜置片刻，或短時間放入中溫烤箱內加熱
烘乾。

材料（適合製作的分量）

奶油…100g
鹽…1小撮
糖粉…80g
蛋黃…1顆
低筋麵粉…160g
杏仁（整顆）…100g

準備

・奶油軟化（參見p.42）。
・將杏仁烘烤後放涼。
・準備長方模或空盒。

1　參見第p.42～43「甜麵團」的1～5步驟，當麵粉幾乎看不見時，加入杏仁。

2　用刮刀攪拌均勻，麵團成形後（a），取出包在保鮮膜中，按壓讓麵團與長方模的形狀吻合。

3　保留保鮮膜並將麵團放入盒中，然後在上面蓋一層保鮮膜，並用手按壓使其平整（b），之後放入冰箱冷藏直到完全硬化。

4　取出冷藏好的麵團，拆掉保鮮膜，然後用鋒利的刀將麵團切成6～7mm厚的片狀（c），在烤盤上排列好，稍微留下間隔。等麵團回到室溫後，放入中溫烤箱，烤約20分鐘至表面金黃。

c

a

b

這款酥餅的麵團比起「甜麵團（Pâte Sucrée）」來得更為柔軟，因此成形方法不同，屬於「冰箱酥餅」（冰箱餅乾），是將麵團捲成圓柱狀後包在保鮮膜中，然後冷藏至硬化。這次使用了整顆杏仁，因此用盒子來幫助成形會更加方便。盒子不必進入烤箱，因此可以是紙盒或塑膠盒，我使用了一個和菓子的空盒。如果盒子深度過深或長度過長，可以只利用其中的一部分。同樣也可以直接使用保鮮膜將麵團捲起來冷藏，待冷卻後再均勻切片。

杏仁砂布列
Sablé aux amandes

這是一款來自法國布列塔尼地區的特色酥餅。該地區習慣在料理與甜點中使用含鹽奶油，因此這款酥餅在甜味中帶有些許鹹味。製作時會塗上蛋液，使表面具有光澤，並劃出斜格紋，烘烤至稍深色。這款酥餅口感酥脆呈顆粒狀，十分獨特。有時會使用塔模來製作更厚的版本，但這裡採用不需模型的厚度進行烘烤。若加入苦杏仁精（Bitter almond essence），風味會更濃郁，但請注意用量，以免香味過強。

布列塔尼酥餅
Galette bretonne
作法 p.48

3

加入蛋白與苦杏仁精，繼續分次攪打，直至
看不見麵粉。將麵團取出，放在工作檯上，
用手輕輕壓平並揉成團。

4

像「甜麵團」一樣輕輕壓
平，放入保鮮袋中，置於
冰箱中冷藏靜置。

布列塔尼酥餅

材料（約5cm直徑，約可製作18片）

- 低筋麵粉…100g
  - 杏仁粉…50g
  - 砂糖…50g
- 鹽…⅓小匙
- 奶油…80g
- 蛋白…12g
- 苦杏仁精（依喜好）…數滴

> ＊若氣溫或室溫較高，建議將材料放入
> 冰箱冷藏。

蛋液
- 蛋黃…1顆
  - 蛋白…½顆
- 濃縮即溶咖啡…少許

麵團製作

1

將低筋麵粉、杏仁粉、砂
糖與鹽放入食物料理機
中，稍微攪打混合。

2

將奶油切成2～3cm的塊
狀，加入食物料理機中，
分次攪打至混合物呈現麵
包粉的砂礫狀。

8

用巧克力叉等工具劃出條紋。將叉子稍微傾斜，拉出線條後轉動烤盤方向，繼續劃出斜格紋。為避免膨脹，在條紋上用竹籤戳出一些小氣孔。放入中溫烤箱，烘烤約20分鐘，至表面金黃。

成形與烘烤

5

製作蛋液。將蛋黃、蛋白充分打散，加入即溶咖啡攪拌均勻，並過篩。

＊咖啡有助於烘烤時呈現深色光澤，過篩後更易於塗抹。

6

如同 p.44「砂布列 Sablé」的做法一樣，將麵團包在剪開的塑膠袋中擀開，用壓模壓切出形狀，然後放在烤盤上。

＊此麵團一旦回溫會變得非常柔軟，需隨時冷藏以便操作。

7

刷塗蛋液。待表面半乾後，再塗抹一層。

材料（直徑6cm，約17片）

```
┌ 砂糖…60g
└ 低筋麵粉…10g
```
杏仁片…70g
蛋白…35g
融化奶油（參見p.12、14）…30g
香草莢…3～4cm

1 將砂糖與低筋麵粉放入碗中，充
　分混合後，加入杏仁片，接著加
　入蛋白繼續攪拌。

2 加入融化奶油和香草莢中刮出的
　香草籽，攪拌至均勻（a）。用保
　鮮膜覆蓋，靜置一段時間。

> ＊可以立刻烘烤，但如果放置一晚，
> 糖會完全溶解，餅乾的口感更好且表
> 面更有光澤。天氣炎熱時可放入冰箱
> 冷藏。

3 將麵糊再次混合均勻，並用湯匙
　將麵糊舀在烤盤上，保持適當
　間距。

> ＊若使用不沾烤盤，可直接放置。此
> 處是已經使用多次的烤盤，因此刷了
> 一層薄薄的奶油。如果擔心沾黏，可
> 在烤盤上鋪烤焙紙。用秤測量，每次
> 舀取約12g麵糊（b）。

4 叉子蘸水，將麵糊壓平，並均勻
　地攤成圓形（c）。

5 將烤盤放入中溫烤箱，觀察瓦片
　餅乾的顏色來判斷烘烤程度。因
　為餅乾很薄，如果餅乾邊緣容易
　烤焦，應稍微降低烤箱溫度。確
　保餅乾中心也呈現金黃色，烘烤
　得香脆可口。

6 在餅乾出爐仍熱時，使用薄鍋鏟
　或抹刀將餅乾從烤盤取下，反面
　放入瓦片模型或其他圓弧形模型
　中（d），塑形成彎曲狀。也可將
　擀麵棍放在毛巾上固定，並將餅
　乾放在擀麵棍上塑形（e）。餅乾
　非常容易受潮，待其冷卻後應立
　即放入密封罐保存。

> ＊若不想塑形，餅乾保持平坦狀也可
> 以。注意，若直接在烤盤上冷卻，可
> 能會難以取下。

「Tuile」在法語中意為「瓦片」，
因此這款餅乾也可稱為「法式瓦片
餅乾」。在我所熟悉的過去，法國
餐廳常在甜點後搭配咖啡一起送
上這款餅乾。製作過程非常簡單，
僅需將材料混合，成形時用叉子
攤平即可，是一道非常適合在家
製作的點心。如果不想麻煩地將
餅乾烤成彎曲狀，直接平放也沒
問題。這款餅乾配上冰淇淋風味
極佳。

杏仁瓦片
Tuile aux amandes

這種情況時，正面朝上
放置。

Chapitre

4

使用甜麵團（Pâte Sucrée）與酥脆麵團（Pâte Brisée）製作

塔與小塔

Tartes et tartelettes

杏仁塔（Amandine） 是一款經典的法式塔類甜點。

我認為它是法式塔和小塔的代表之一。塔底的麵團可以使用甜麵團（Pâte Sucrée）、酥脆麵團（Pâte Brisée）或千層酥皮（Pâte Feuilletée），而內餡的杏仁奶油則由奶油、糖、雞蛋和杏仁粉4種簡單材料製成，且製作過程只需將材料混合即可。無論是剛出爐，還是放置幾天後風味變得更融合，這款甜點的美味始終如一。

甜麵團（Pâte Sucrée）在第3章中也有提到，它是用途非常廣泛的塔皮。而酥脆麵團（Pâte Brisée）則被用在 p.57 頁的英式塔「Maids of Honour」。「Brisée」在法語中意為「破碎的」，表現出其酥脆且易碎的口感。與甜麵團不同，酥脆麵團不含糖，因此也可用於製作像鹹塔一樣的料理，這也是它多用途的特點之一。

杏仁塔
Tarte amandine
作法 p.54

53

3

將塔模放在麵團上，確認麵團的直徑比塔模大約3cm，這樣能覆蓋塔模邊緣。

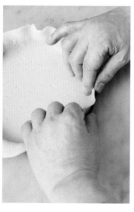

4

移除麵團上方的塑膠片，將麵團小心地蓋在準備好的塔模上，輕輕剝離四周的塑膠片，將多餘的麵團整理並壓入塔模內側。稍微將麵團向下壓，使塔模的側邊略厚於底部，這樣可以支撐塔的結構。

5

用刀沿著塔模邊緣內側輕輕劃切，將多餘的麵團從外側修切掉。

6

用手指輕壓內側和上部的切口，整平邊緣，讓麵團光滑無毛邊。

杏仁塔的製作方法

材料（直徑20cm的塔模1個）
甜麵團（參見p.42）…250g
杏桃果醬（參見p.120）…30～40g
杏仁奶油（參見p.55）…約400g
裝飾材料
杏桃果醬（參見p.120）…適量
烤過的杏仁片…適量

準備
· 準備塔模（參見p.126）。
· 烤好杏仁片以備裝飾。

塔皮的製作

1

將塑膠袋切開攤平，將甜麵團夾在中央，然後用擀麵棍壓扁。接著，用擀麵棍往四周擀開，並將邊緣推攏，讓麵團呈現圓形。

2

繼續從塑膠片的上方擀壓，將麵團擀成圓形，均勻地擴展。

＊一次加入全部雞蛋可能
會導致奶油分離，因此需
要與吸收水分的杏仁粉交
替加入。

7

用叉子在塔皮底部均勻地
戳洞。

＊將塔皮放入冰箱冷藏20
到30分鐘以上。若暫時不
使用，也可以將塔皮冷凍
保存。

9

可以依喜好加入檸檬皮碎、
檸檬汁或少許苦杏仁精。

＊使用苦杏仁精時，需注
意其味道較濃烈，通常2～
3滴即可，讓餡料在品嚐時
散發出淡淡的香氣即可。

杏仁奶油的製作

基本比例是奶油、糖粉、雞蛋、杏仁粉各50g，這樣
可以製作200g杏仁奶油餡。因為20cm直徑的杏仁
塔需要2倍的量，所以需要各100g的4種材料，按
比例增加製作。杏仁奶油餡可以在冰箱保存數天，
提前準備也沒有問題。

材料（製作400g的份量）
奶油…100g
糖粉…100g
雞蛋…100g
杏仁粉…100g

＊香草精、檸檬皮碎、檸檬汁、
苦杏仁精（可依喜好選擇）。

準備
・奶油軟化（參見p.32）。

如果想製作榛果奶油餡，只需將
杏仁粉替換為榛果粉，製作過程
完全相同。

8

將已經軟化的奶油放入鋼
盆中，分3次加入糖粉，
每次加入後都充分攪拌至
奶油呈現乳霜狀。接著，
分3次交替加入打散的雞
蛋和杏仁粉，每次加入需
充分混合均勻。

13

當中間膨起時，即為烘烤完成的指標。將塔放在比塔底小一點的器具上，外框就會自然落下。將塔連同底板一起移到冷卻架上，待冷卻後再取下底板。

14

將加熱過的杏桃果醬塗抹在塔的表面。

＊果醬可以在微波爐中輕輕加熱，這樣更容易塗抹。

15

最後，撒上烤好的杏仁片作為裝飾。

組裝並烘烤杏仁奶油塔

10

將塔皮按照p.54的方法進行預烤。將塔皮放入預熱好的中溫烤箱，烤約15分鐘，直到邊緣和底部稍微上色為止。

＊因為「甜麵團」幾乎不會收縮，所以不需要使用重石來進行預烤。

11

將杏桃果醬塗抹在塔底上。

＊為了防止杏仁奶油融化，建議在塔稍微冷卻後再進行此步驟。

12

將杏仁奶油餡填入塔皮內，直到接近邊緣，然後放入中溫烤箱烘烤，烤約25分鐘為目標。

侍女蛋塔
Maids of honour
作法 p.58

「我找到好吃的乳酪蛋糕了！」老師從英國旅行回來，經過多次試作，製作出了名為「Maids of Honour」的甜點。

這款甜點的特點是使用了「curd（凝乳）」並加入了杏仁。老師將凝乳替換成了奶油乳酪（cream cheese），並加入了奶油，做成了一款滋味濃厚的塔。至今在我的教室裡，這款甜點與p.66的乳酪塔，長期以來一直製作著。後來查詢時發現，市面上有標榜原版的店家，但也有一些根本不含凝乳的配方……似乎有各種不同的食譜。

另外，這款甜點還有一個傳說，據說是十六世紀英國國王亨利八世與他的第二任妻子安·博林（Anne Boleyn）相遇的契機。她最終被稱為丈夫亨利八世處刑，因此被稱爲悲劇王妃。而他們之間的女兒則是統治英格蘭和愛爾蘭的伊莉莎白一世。不知道這算是喜慶的甜點還是悲傷的甜點呢……。

底部的餅皮是用酥脆麵團Pâte Brisée製作的，若使用甜麵團Pâte Sucrée也很不錯。

麵團的製作

1

將低筋麵粉、鹽、糖粉放入食物調理機內，稍微攪拌一下。接著加入切塊的奶油。

2

不要離開視線，間歇性的啟動機器，將材料打成如麵包粉狀。

3

加入打散的蛋，繼續以間歇性的方式攪拌，直到材料成團為止。

＊切勿長時間按住開關，這可能會造成機器損壞。

酥脆麵團的製作方法

這個份量可以製作2個直徑20cm的塔。需要注意的是，這款麵團即使放在冰箱內，數日後也可能發霉，因此應盡早使用。如果提前將麵團鋪入模型內，然後放入密封袋或密封容器中冷凍保存，會更加方便。

材料（成品約460g）
┌ 低筋麵粉（過篩）…250g
│ 鹽…½小匙
└ 糖粉…1大匙
奶油…150g
蛋…1顆（60g，不足時補水）
手粉用高筋麵粉…適量

準備
・將低筋麵粉、奶油、蛋放入冰箱冷藏。

麵團鋪入塔模

6

取出麵團,撕除保鮮膜,將麵團夾在剪開成片狀的塑膠袋間,使用擀麵棍擀開。

7

擀至厚度約3mm,直徑約26cm的圓形,將準備好的塔模放在麵團上確認尺寸。

8

透過塑膠袋翻轉麵團,將其鋪入塔模,輕輕取下塑膠袋。

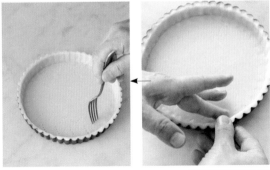

9

參見p.54,將酥脆麵團鋪入模型後,放入冰箱靜置2～3小時。

＊與「甜麵團Pâte Sucrée」不同,這款麵團因麵粉的麩質易產生黏性並收縮,因此需放置一段時間。

4

將成團的麵團取出,放在工作檯上,使其均勻結合。

5

因為需要鋪入塔模,將麵團分成2等份,將每份麵團壓成直徑約15cm的圓餅狀,用保鮮膜包好,放入冰箱冷藏,直到麵團變得容易操作為止。

1 將軟化的奶油乳酪放入鋼盆中，用打蛋器打成乳霜狀，加入檸檬皮碎與檸檬汁。

2 將一部分奶油乳酪加入已軟化的奶油中，攪拌均勻。

3 將混合物倒回奶油乳酪的鋼盆中，繼續用打蛋器攪拌至均勻。

預烤

為防止酥脆麵團烘烤時收縮，需在表面密合覆蓋鋁箔紙。如果使用「不沾黏的鋁箔紙」，直接覆蓋即可；若使用普通鋁箔紙，則需先抹上奶油再覆蓋。放入溫度較低的高溫烤箱中烤約15分鐘。取下鋁箔後，塗抹一層杏桃果醬。

製作侍女蛋塔的
內餡並烘烤

材料（直徑20cm的塔模1個）
酥脆麵團…230g
杏桃果醬（參見p.120）…30～40g
內餡
┌ 奶油乳酪…200g
　檸檬皮碎…適量
　檸檬汁…1大匙
　奶油…50g
　糖粉…50g
　蛋黃…2個份
　蛋白霜
　　┌ 蛋白…50g
　　└ 糖粉…1大匙
└ 杏仁片…60g

準備
・奶油乳酪置於室溫，放至軟化。
・奶油打成乳霜狀。
・杏仁片烘烤至金黃。

7

將預烤好並塗上杏桃果醬的塔皮，倒入步驟6的內餡，用刮刀輕輕抹平表面。

8

撒上剩餘的杏仁片，放入中溫烤箱烤約25分鐘。烘烤完成後，從約5～6cm的高度將塔輕輕摔落在砧板上2～3次，參見p.56將塔脫模。

4

分2次加入糖粉，每次加入後都攪拌均勻。

5

加入蛋黃，並用手將一半的杏仁片稍微壓碎後加入。

6

另取一個鋼盆，將蛋白與糖粉打發成蛋白霜，分2次加入步驟5的鋼盆中，攪拌均勻。

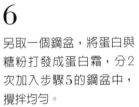

材料（直徑7.5cm的小塔模5個）

甜麵團（參見p.42）…約150g（30g×5個）

杏桃果醬（參見p.120）…適量

榛果奶油餡

┌ 奶油…50g

│ 糖粉…50g

│ 雞蛋…50g（1個中型蛋）

│ 榛果粉…60g

└ 香草精…數滴

整顆榛果…適量

糖粉…適量

準備

• 準備好塔模（參見p.126）。

1 參見p.44將甜麵團擀平至約4mm厚，然後用直徑9cm的切模切出圓形塔皮（a）。

2 將塔皮輕輕放入塔模內，並用竹籤在塔皮上戳2～3個小孔（b）。用手指將塔皮的邊緣按壓固定，讓塔皮服貼塔模。接著輕輕將塔模在桌面敲幾下，使底部和側面塔皮更緊貼。

3 用刀沿著塔模的邊緣輕輕刮掉多餘的塔皮（c）。

4 在塔皮的底部和側面交界處用竹籤再戳一些小孔（d）。將杏桃果醬塗抹在塔底。

5 參見p.55製作榛果奶油餡，將榛果奶油餡放入裝有圓口花嘴的擠花袋中，然後擠入塔模，填至八分滿（e）。

6 將榛果切半，切面朝上排入表面，放入中溫烤箱烘烤約20分鐘（f）。烤好後，雙手戴上隔熱手套，小心倒扣脫模。

榛果已經變得相當普及，不僅是整顆果仁，連粉末也變得容易取得。這裡的奶油部分，只要將杏仁奶油中的杏仁換成榛果即可。由於榛果比杏仁的風味稍微濃烈些，因此可以不需全部使用榛果，而是以一半或三分之二的比例搭配杏仁，無論用何種比例，都能做出美味的甜點。在塔的表面放上切半的榛果，為成品增添裝飾效果。

榛果小塔
Tartelette aux noisettes

材料（直徑6.5cm的小塔模約10個）
甜麵團（參見p.42）…約220g
杏桃果醬（參見p.120）…適量
巧克力杏仁奶油餡
- 奶油…50g
- 糖粉…50g
- 雞蛋…50g
- 杏仁粉…50g
- 黑巧克力…50g
松子…適量

準備
- 準備隔水加熱裝置。
- 準備好塔模（參見p.126）。

1 參見p.62，將甜麵團用直徑7cm的花形切模切出，放入小塔模內，並在底部抹上杏桃果醬。

> ＊由於這裡使用花形切模，所以不需修整邊緣。

2 參見p.55製作杏仁奶油餡。

3 將巧克力以50～60℃隔水加熱融化，待其冷卻至約40℃時，一次加入杏仁奶油餡中（a），均勻混合（b）。

4 將混合好的巧克力杏仁奶油餡裝入放有圓口花嘴的擠花袋，擠入塔模內（c）。撒上松子，放入中溫烤箱，烤15～20分鐘。

5 烤好後，雙手戴上隔熱手套，將塔模倒扣脫模（d）。可根據個人口味篩上糖粉。

巧克力杏仁塔
Amandine au chocolat

這也是杏仁奶油餡的變化應用，只是在p.55的配方中加入了巧克力。巧克力帶來的鬆脆口感，使得這個塔既濃郁又輕盈。

材料（直徑20cm的塔模1個）
甜麵團（參見p.42）…約230g
杏桃果醬（參見p.120）…30～40g
內餡
┌ 奶油乳酪…200g
│ 卡士達醬
│ ┌ 牛奶…150g
│ │ 砂糖…40g
│ │ 低筋麵粉…20g
│ └ 蛋黃…2個
│ 鳳梨（罐頭）…1片
│ 檸檬汁…1～2大匙
│ 蛋白霜
│ ┌ 蛋白…50g
└ └ 糖粉…1大匙

準備

‧ 將奶油乳酪放置在室溫下使其變軟。

1 準備塔皮。參見p.54～56，將甜麵團
　鋪入塔模中，無需加重石，直接放入
　中溫烤箱烘烤，直到塔皮稍微上色為
　止。然後，在底部塗上杏桃果醬。

2 將變軟的奶油乳酪放入鋼盆中，用打
　蛋器攪拌至順滑。

3 參見p.72製作卡士達醬。分成約5次
　加入2的奶油乳酪中，每次加入都要攪
　拌均勻（a）。

　＊趁卡士達醬還熱時混合會更容易，因
　　此可以提前準備其他部分。

4 加入切碎的鳳梨（b）和檸檬汁。

5 在另一個鋼盆中打發蛋白霜，然後分2
　次加入步驟4中，攪拌均勻後倒入準備
　好的塔模內（c），將表面抹平。

6 用拇指指尖輕劃塔皮與奶油餡的邊緣，
　沿周圍輕輕繞一圈（d），放入中溫烤
　箱烘烤約25分鐘。

　＊在烤箱中，塔皮和奶油餡會稍微產生
　　間隙，內餡會向上膨脹（e）。

7 烤好後，將塔模從約5～6cm高度向桌
　面輕敲2～3次，給予衝擊（f）。參見
　p.56將塔脫模。

這款乳酪塔是我教學中最古老的食譜之一。50年前，當我還是助手時，這款食譜就已經以「宮川老師的乳酪蛋糕」的名義，多次在女性雜誌中介紹。它是將卡士達醬和奶油乳酪混合，再加入蛋白霜使其膨脹，正如「舒芙蕾」一樣。在烤箱中，蛋糕會從塔模邊緣直直地膨起，雖然冷卻後會平復，但那微微的膨起痕跡，依然展現出美麗的形態。

乳酪塔
Tarte au fromage

5

用泡芙麵糊製作

泡芙與
閃電泡芙

*Chou à la crème
et éclair*

這是一款非常獨特的甜點,因為在製作麵團的過程中會加熱小麥粉。首先將水和奶油煮沸,然後加入小麥粉中的澱粉會糊化,麵筋也會產生黏性。此時,小麥粉中的澱粉會糊化,麵筋也會產生黏性的麵糊。當麵糊進入烤箱一蛋,便會形成帶黏性的麵糊。當麵糊進入烤箱一段時間後,麵團中的水分會變成蒸氣,蒸氣被黏性的麵團包裹住,就像氣球一樣形成大空洞,使麵糊膨脹起來。接著保持膨脹狀態,徹底烘烤至完成。

有時會聽到有人說:「麵團膨脹了,但中途就塌陷了。」這是因為泡芙麵團中糖分非常少,不容易上色。如果在膨脹後降低溫度,可能會導致失敗。若按法國風格烤至有明顯的金黃焦色,就能避免這些問題。眾所周知,法國人因其形狀而將這款甜點稱為「Chou」,也就是「高麗菜」的意思。英語稱之為「Puff」,因為它會膨脹,德語則稱為「Windbeutel」,意思是「風袋」。

「高麗菜 Chou」之後,便是「閃電 Éclair」。這個名稱聽起來非常威風,但事實上,當小巧製作時,閃電泡芙是一款非常優雅的甜點。關於名稱的由來有多種說法,我個人認為是因為表面裂紋像閃電一般。與泡芙不同的是,閃電泡芙的形狀方便食用。雖然在日本不常見,但在旅行時,若想吃甜點,我會買一個閃電泡芙,邊走邊吃。它不容易弄髒手和嘴巴,這也是我特別喜愛這款甜點的原因之一。

泡芙
Chou à la crème
作法 p.70

2

奶油融化後，轉大火，**當液體開始沸騰時，一次加入麵粉，迅速用橡皮刮刀攪拌，加入麵粉後大約3秒內將鍋從火上移開。**

＊此階段麵粉還未完全混合。

3

移開火源後，持續攪拌至麵糊看不到粉末且脫離鍋壁。

＊若再繼續攪拌，麵團中的奶油會分離，導致無法膨脹。接下來加入雞蛋的步驟也是一樣，不可過度攪拌。

4

接著，將打散的蛋逐次少量加入，並用刮刀以切拌的方式混合。等蛋液看不見後再加入下一次蛋液。

＊一開始麵糊會變得較為緊實，但逐漸會變得柔軟。

5

當麵糊開始變柔軟時，刮刀的動作應轉為揉和攪拌。加入約2個蛋量時，開始注意不要讓麵糊變得太軟。

泡芙製作方法

泡芙麵糊材料（20～24個）

- 奶油…60g
- 水…80g
- 鹽…少許
- 糖…½小匙

低筋麵粉…70g

蛋…2½～3顆

＊適合的鍋具非常重要，一般單柄鍋在加蛋液時麵糊易濺出，使用較為不便。

準備

- 理想的工具是直徑14cm、深9cm的單柄鍋
- 適合麵粉光滑的容器
- 擠花袋及直徑10mm的圓口擠花嘴
- 薄型矽膠刮刀
- 烤盤

＊低筋麵粉需一次加入，因此放置在較鍋具小的容器中。

＊這是非常重要的工具。在此使用矽膠墊，但如果沒有的話，可以在烤盤上薄薄地塗抹一層奶油。如果烤盤表面粗糙，可以鋪上鋁箔，同樣薄薄地塗抹一層奶油。注意奶油不要塗太多，否則麵糊會滑動，導致泡芙上下不分，且膨脹不足。

麵糊製作

1

將奶油切成小塊放入鍋中，加入水、鹽和砂糖，用小火加熱。

8

用蘸濕的手指整形後，在烤盤上噴灑水霧，放入預熱的中高溫烤箱烘烤。

＊剛開始的幾分鐘內不會有明顯的變化。大約7～8分鐘後會開始膨脹。在這期間也不要打開烤箱。如果一定要查看，請快速打開並立即關上。無論如何，必須等到泡芙皮完全固定並呈現出漂亮的金黃色。我的烤箱大約需要30分鐘。

9

烤好後將其取出置於網架上。將泡芙皮按照蓋子3：身體7的比例橫向切開。

10

將攪拌至順滑的卡士達醬（參見p.72）放入裝有星形花嘴的擠花袋中，然後擠入泡芙內，使其豐滿且形狀美觀，最後篩上適量的糖粉（分量外）作為裝飾。

6

判斷麵糊的理想硬度，用刮刀擦拭鍋邊，然後舀取大量的麵糊，刮刀轉成垂直狀。理想狀態是麵糊在3秒內落下。如果超過3秒仍不落下，則需要再加一點蛋液。如果麵糊立即滑落，則表示過於柔軟，無法再加麵粉，只能使用這批麵糊，並注意下次的調整。

烘烤與填入卡士達醬

7

將麵團放入擠花袋中，在準備好的烤盤上留出間距，擠出直徑約3.5～4cm的圓形。輕輕轉動擠花袋，保持擠花嘴的尖端稍微高於烤盤，直到擠出所需的大小。結束時放鬆力量，輕輕地橫向移動擠花嘴，這樣麵糊就會切斷。

4

將單柄鍋以中火加熱，不斷用打蛋器攪拌，避免底部燒焦。煮至光滑且無粉狀感（約煮沸3分鐘）。

5

離火後，將蛋黃一次加入，快速攪拌均勻。

6

繼續加熱，煮至蛋黃熟透（約50秒），然後離火，加入奶油和喜好的利口酒攪拌均勻。用保鮮膜緊貼覆蓋，放涼。

＊使用前再次用打蛋器充分攪拌至均勻。

卡士達醬的製作

材料（容易製作的分量）
　牛奶…400g
　香草莢 …⅓～½ 條
　砂糖…100g
　低筋麵粉…50g
　蛋黃…6個
　奶油…30g
　利口酒…1大匙

準備
・將蛋黃放入以水濕潤的碗中。
・用刀將香草莢剖開，刮出籽，與豆莢一同放入牛奶中。

1

將加入香草的牛奶用小火加熱至沸騰，然後放涼至室溫。

2

在帶柄的鋼盆中加入砂糖和低筋麵粉，充分混合。接著加入1的牛奶，並用打蛋器充分攪拌。

3

將混合物過濾至可加熱的單柄鍋中。

巧克力閃電泡芙
Éclair au chocolat
作法p.75

焦糖閃電泡芙
Éclair au caramel
作法p.74

閃電泡芙
Eclair

焦糖閃電泡芙

材料（長度10㎝約18個）
泡芙麵糊（參見 p.70）…全量
卡士達奶油（參見 p.72）…全量
焦糖
├ 砂糖…150g
│ 水…50ml
└ 奶油…10g

在這裡介紹2種裝飾方式。一種是裹上焦糖，雖然可以將焦糖均勻地塗抹在表面，但考慮到燙傷的風險以及口味平衡，我選擇了線條狀的裝飾。另一種是經典的巧克力，在材料中添加了可可粉。只需要將低筋麵粉與可可粉混合，和普通的泡芙麵糊一樣製作即可。雖然表面的巧克力需要稍微調整溫度，但我選用了覆淋巧克力（Couverture Chocolate）來做鏡面。若想要更輕鬆地製作，可以使用市售的鏡面巧克力（Pâte à glacer），只需按指定溫度融化即可使用。

2

當焦糖煮至想要的顏色時，加入奶油，晃動鍋子使其均勻，並將鍋底放入水中停止升溫。

3

用小的矽膠刮刀混合使其均勻，檢查硬度。若過硬可放回爐上攪拌以使其變稀。

4

將刮刀浸入焦糖，沿著放置在網架上的泡芙上方，形成細線狀流下。當焦糖變硬並變得難以操作時，可用小火加熱使其變軟。剩餘的焦糖可倒入烤盤中，製作成焦糖奶油糖。

製作泡芙

製作麵糊與填入卡士達醬

1 在擠花袋內裝直徑10 mm的圓形花嘴，將泡芙麵糊填入袋中，稍微傾斜，慢慢移動，將麵糊擠成長約8cm、稍寬的長條形。

2 用蘸濕的指尖輕輕撫平凸起以整形，然後噴灑水霧，按照泡芙的做法進行烘烤。

3 在側面兩處用直徑5～6 mm的圓口花嘴打孔，將卡士達醬擠入。

製作焦糖並進行線描

1

煮焦糖。在小型單柄鍋中（與製作泡芙時相同）加入砂糖和適量水，中火加熱。不要用攪拌器攪拌，而是偶爾晃動鍋子以幫助糖溶解，製作焦糖。

＊若用攪拌器攪拌，已溶化的糖可能會重新結晶。此外，為了達到理想的焦糖程度，可以偶爾將鍋子從火上移開，利用餘熱進行焦糖化。若持續在爐上加熱會很快燒焦。

填入卡士達醬並沾裹上巧克力

1

在閃電泡芙的表面2處，用圓口花嘴（直徑約5mm）打孔，填入巧克力卡士達醬。

> ＊將孔開在表面，之後會裹上巧克力覆蓋住。若打在底部，會與盤子接觸，因此不建議。

2

將覆淋巧克力放入小鋼盆中，下墊約60℃的熱水鍋隔水加熱融化。當巧克力加熱至40～50℃後取出鋼盆，將熱水鍋移至爐上煮沸。將巧克力鋼盆置於冷水中，邊以橡皮刮刀從底部攪拌，直到巧克力降溫形成薄膜，且看不到底部的不鏽鋼。此時，快速將鋼盆底輕輕置於沸水中一瞬間，使巧克力均勻混合。

> ＊這個步驟需極為快速，若不夠快，則需再重覆一次。

3

將閃電泡芙的表面浸入2的巧克力鋼盆中，沾裹上巧克力，在巧克力尚未凝固時撒上珍珠糖。

> ＊如果使用市售的鏡面巧克力（Pâté à glacer），請按照包裝上的溫度指示進行融化和使用。

巧克力鏡面的閃電泡芙

材料（長度約10㎝約18個）

巧克力泡芙麵糊
- 奶油…60g
- 水…80g
- 鹽…1小撮
- 砂糖…½小匙
- 低筋麵粉…70g
- 可可粉…10g

蛋…2½～3顆

> ＊將低筋麵粉與可可粉混合過篩。

巧克力卡士達醬
- 牛奶…300g
- 香草莢…⅓根
- 砂糖…75g
- 低筋麵粉…35g

蛋黃…4顆
覆淋巧克力（Couverture Chocolate）…50g
酒…1大匙

裝飾用
覆淋巧克力…約200g
珍珠糖…適量

製作巧克力泡芙麵糊並烘烤

參見p.70～74的泡芙製作方法。將製作步驟中使用的低筋麵粉，換成混合好並過篩的低筋麵粉與可可粉。

製作巧克力卡士達醬

參見p.72製作卡士達醬，卡士達醬煮好後，加入巧克力與酒，使用攪拌器攪拌均勻。

6

小麥粉、砂糖、蛋、牛奶製成的稀麵糊

可麗餅與其他

Crêpes et compagnie

在這一章，我們將介紹可麗餅及其相關的甜點。

雖然它們的材料比例各有不同，但基本上是由砂糖、小麥粉、雞蛋、牛奶（鮮奶油）混合而成的稀麵糊。這種麵糊的製作非常簡單，只需將材料混合均勻，並避免產生結塊。由於大量的液體容易讓麵粉結塊，因此我們首先將小麥粉、砂糖和鹽混合，再逐步加入適量的水分，先製作成沒有結塊的濃稠狀，再繼續加入剩餘的液體，將麵糊攪拌至稀釋。這類麵糊不需要擔心小麥粉的黏性。

事實上，麵糊需要保持一定的黏性，特別是像可麗露（Canelé）和可麗餅這類甜點，若能放置一晚，會形成更有延展性的麵糊。

可麗餅最早起源於法國布列塔尼地區，那裡因為小麥無法生長，當地人以蕎麥粉為煎至上色會更加美味。

製作出薄餅，取代麵包，這就是「蕎麥薄餅 Galette」的由來。這種薄餅逐漸傳至巴黎等地，開始使用小麥粉，並加入牛奶、雞蛋、奶油和砂糖等材料。由於這類薄餅煎得很薄，因此被稱為「Crêpe」，法文意思像布料的「皺褶」。近年來，日本也出現了與法國相似的可麗餅專賣店，在料理方面使用蕎麥粉製作「Galette」，而在甜點方面則使用小麥粉製作「Crêpe」，甚至還提供蘋果氣泡酒（Cider），讓遠在布列塔尼的傳統變得更加貼近人們的生活。

這裡介紹的配方甜度適中，因此不僅可用於甜點，也可以作為料理，若口味偏淡，還可以適量減少砂糖的用量。曾經有說法認為「可麗餅應該煎成白色」，但我認

可麗餅佐西洋梨
Crêpes aux poires
作法 p.78

3

將麵糊過篩。

4

蓋上保鮮膜，靜置一晚。

> ＊至少要靜置2～3小時。

煎可麗餅

5

在平底鍋中將奶油融化，倒入麵糊中並充分攪拌。

> ＊務必在煎餅前加入奶油。

6

將平底鍋加熱，抹上一層薄薄的奶油，用湯杓舀入麵糊，快速轉動平底鍋，將麵糊均勻地薄薄佈滿平底鍋。等待外緣上色，邊緣稍微翹起時即可。

製作可麗餅

材料（直徑18cm可作12片）
麵糊
- 低筋麵粉…100g
  - 鹽…¼ 小匙
  - 砂糖…1大匙
- 雞蛋…1顆
- 蛋黃…1～2顆
- 牛奶…250g（常溫）
奶油…20g＋適量

製作麵糊

1

在鋼盆中放入低筋麵粉、鹽和砂糖，使用打蛋器充分混合。將中央稍微挖凹陷，倒入雞蛋、蛋黃和¼的牛奶，攪拌均勻。

2

攪拌至沒有結塊且出現足夠的黏性。分2次加入剩下的牛奶，攪拌至稀釋。

這是一款厚煎可麗餅。也有加入馬鈴薯或乳酪製成鹹味的馬塔凡。常見的是加入蘋果的甜味版本，而這次我們使用了葡萄。美國櫻桃也是不錯的選擇。麵糊是基於P.78的可麗餅配方，將其中的牛奶減半，並加入1顆蛋白打發製成的蛋白霜。

葡萄馬塔凡

Matafan aux raisins

材料（2片）

麵糊
- 低筋麵粉…100g
- 鹽…¼小匙
- 砂糖…1大匙
- 雞蛋…1顆
- 蛋黃…2顆
- 牛奶…125g（常溫）

蛋白霜
- 蛋白…1顆
- 糖粉…1小匙

奶油…20g+適量
無籽葡萄…300g
糖粉…適量

1. 參見p.78製作將牛奶減半的可麗餅麵糊。麵糊靜置後，煎餅前依序加入融化的奶油與蛋白霜（a），攪拌均勻。將一半的麵糊加入150g的葡萄。

2. 加熱平底鍋，加入多一些的奶油，將麵糊倒入鍋中。轉小火慢慢煎。
   ＊加蓋可以加速煎熟。

3. 表面凝固後，篩上糖粉。翻面並在周圍再加入一些奶油。

4. 用鍋蓋將可麗餅翻面，滑入盤中篩上糖粉。剩下的麵糊以同樣方式煎熟。

7

用筷子挑起餅邊，用手撕起翻面。

＊若餅太熱，請將筷子插入可麗餅下方，像翻薄煎蛋一樣翻面，避免弄破。

8

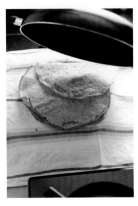

反面也上色後，將可麗餅放在乾燥的毛巾上。

＊若平底鍋中的奶油太多，無法將可麗餅煎得漂亮。每次煎餅前，攪拌一下鍋盆中的麵糊，因為麵粉會沉澱。

煎完後，用毛巾包裹所有的可麗餅。

＊這樣可以避免可麗餅乾燥並保持溫度。

製作醬汁

洋梨醬汁材料（2人份）

洋梨（La France品種）…1顆（約300g）
奶油…25g
砂糖…約50g
酒類…2大匙

＊使用洋梨白蘭地（Eau-de-vie）。也可使用其他白蘭地或蘭姆酒。

鮮奶油…70g

1. 將洋梨切成4等分，去皮去芯，並切成約2cm大小的方塊。
2. 加熱平底鍋，加入奶油，放入洋梨塊，以中偏大火炒至上色。當洋梨上色後，加入砂糖和酒類，等酒精揮發後，再加入鮮奶油。
3. 當醬汁變得濃稠時，將它鋪在盤子前半部分，然後將可麗餅折疊成美麗的形狀放上。

蘋果蛋塔

Flan aux pommes

作法 p.82

到底是 Clafoutis 克拉芙緹還是 Flan 蛋塔呢？這個問題讓我稍微有些困惑。連我自己也不太能清楚地區分兩者。如果是加入櫻桃，那就是利穆贊（Limousin）風味的克拉芙緹；如果不加水果，那就是蛋塔。雖然這樣的代表例子很簡單，但因為這個配方中麵粉較少，所以我稱之為「Flan 蛋塔」。

克拉芙緹通常含有更多麵粉，烤得更扎實，確實屬於可麗餅家族的一員，而這個蛋塔的配方則更像是含有麵粉的卡士達布丁。因此，烘烤方式選擇了以低溫中火的隔水加熱方式。烤好後，蛋塔的上方會覆蓋著一層蘋果，形成二層結構。無論是趁熱食用還是冷卻後享用，都非常美味。這是一道非常適合家庭享用的甜點。

80

作法 p.83

可麗露
Cannelet

「Cannelet可麗露」這個名字可能源於其形狀。周圍有一道道的溝槽，這正是「Cannelet」的特徵。比如酥餅「Sablé砂布列」的餅乾模型，在日本叫做「菊花型」，而在法國這種模型就被稱為「Cannelet模」。像是菊花型的小塔，

也是Cannelet。此外，這款點心的麵糊含有大量水分，但糖分也很高，因此與其說是布丁，更像是一種甜美的可麗餅麵糊。雖然不清楚是否有直接關聯，但這種麵糊會在高溫下長時間烘烤，水分蒸發後，外表會變得金黃酥脆，甚至有點類似焦糖化的效果，而內部則呈現彈性且軟糯的口感，這讓可麗露成為一款獨特的點心。

據說這種點心最早是在波爾多的修道院裡製作的。當時為了取得蠟燭材料「蜂蠟」，修道院養了蜜蜂，傳統上會用蜂蠟塗在模型裡防沾黏。我也嘗試過這種方式，但操作起來相當麻煩。後來聽說可以用奶油替代，我也就這樣做了。不過，蜂蠟烘烤出來的表面會更加酥脆，且帶有一種獨特的香氣。

這款點心最大的缺點就是它的最佳食用時間非常短。剛出爐的熱騰騰可麗露不行，因為這時表面還沒有變酥脆。稍微溫熱時，內部口感也還不夠穩定。等到完全冷卻後稍微靜置一段時間，那就是正確的食用時間了。但若放到隔天，外皮的酥脆感就會消失。請您一定要計劃好何時享用，並按計畫烘烤這款甜點。

1 在碗中加入砂糖和低筋麵粉，用打蛋器攪拌均勻。加入雞蛋，攪拌至均勻且順滑的狀態。

2

將加入香草籽和莢的牛奶加熱至沸騰，離火後加入鮮奶油攪拌均勻。將此液體倒入步驟1的碗中混合，根據個人口味加入蘋果白蘭地進行調味。

3

將混合好的液體輕輕地倒入已經準備好的蘋果上方。

4

將焗烤皿放入深烤盤或烤盤內，周圍倒入約2cm深的熱水。放入150℃的烤箱，烘烤至中央凝固為止。

蘋果蛋塔

材料（25cm長的焗烤盤1個）

紅玉蘋果（或其他喜好的蘋果）…2顆

砂糖…120g
低筋麵粉…45g

雞蛋…3顆

牛奶…500g
香草莢…⅓根

鮮奶油…100g

蘋果白蘭地
（Calvados或其他喜好的酒，也可省略）…1~2大匙

準備

・在焗烤皿內塗抹奶油。
・蘋果切成4等分，去皮去核後切成2~3mm厚片，像照片所示排列在焗烤皿內。
・預熱烤箱至150℃。

3

首先將一部分牛奶倒入麵粉混合物中，攪拌至均勻濃稠狀態。接著加入剩餘的牛奶，繼續攪拌至充分融合。

4

用濾網過濾麵糊，覆上保鮮膜，讓麵糊靜置一晚（或至少半天）（a）。

5

烘烤前將沉澱的麵糊充分攪拌均勻（b），然後將麵糊分裝至模型的八分滿（c）。

6

將模型放入高溫烤箱，烘烤約1小時，直到表面出現濃重的烤色。

7

取出烤好的可麗露，置於網架上冷卻。

＊請注意最佳食用時間。

可麗露

材料

（直徑5.5cm的Cannelet模型約12個）

- 牛奶…500g
- 香草莢…½～1根
- 砂糖…200g
- 低筋麵粉…120g
雞蛋…1顆
蛋黃…2顆
蘭姆酒…3大匙

準備

・在模型內塗抹奶油。
・將烤箱預熱至高溫（200℃）。

1

將牛奶和香草籽和莢加入鍋中加熱至沸騰，然後冷卻至約60～70℃。

2

將砂糖和低筋麵粉放入碗中，用打蛋器充分攪拌均勻。在中央挖個凹槽，加入雞蛋、蛋黃和蘭姆酒，攪拌至順滑。

這道是大家熟悉的布丁。

在英國，將雞蛋、牛奶和糖混合加熱的料理被稱為「Custard 卡士達」，因此這也是一種布丁。在法語中，這也被稱為「Crème Caramel」。當從模型中倒扣出來時，這道甜點就被稱為「Crème Caramel Renversée」，意思是「翻轉的焦糖布丁」。即使法式甜點這麼受歡迎，大家還是會稱它為「卡士達布丁」。

這道甜點不使用粉類，只靠蛋的熱凝固性來固定。雖然家庭中常用蒸籠製作，但推薦試試用烤箱烘烤。由於水分蒸發，布丁會稍微紮實，表面有泡泡的地方會略呈焦色。特別是在寒冷的季節，趁溫熱時享用也非常美味。

這時，由於布丁不易脫模，可以選擇陶製的小碗（Ramekin）或像 P.80 的蘋果蛋塔那樣，用焗烤皿來製作。

焦糖布丁
Crème caramel

材料
(100ml布丁模8個)

焦糖
- 砂糖…100g
- 水…2小匙
- 熱水…1大匙

布丁液
- 牛奶…500g
  - 香草莢…½～1根
- 雞蛋…4顆
- 砂糖…125g

準備
- 準備一個深烤盤，並備好熱水。
- 在一個大碗中注滿冷水備用。
- 將烤箱預熱至150℃。

製作布丁液、隔水烘烤

1 將牛奶和香草籽、莢放入鍋中，用小火慢慢加熱至沸騰，然後放涼至人體溫度。

2 在碗中打散雞蛋，加入砂糖，攪拌至糖融化。

3 將冷卻的牛奶加入蛋液中，過篩後倒入模型。把模型排入烤盤，倒入約2cm深的熱水（e），放入150℃的烤箱中烘烤20～25分鐘。

4 烤好後，用刀尖輕刺布丁中央（f），如果沒有液體流出就可以了。待布丁完全冷卻後，用刀子沿模型邊緣劃一圈，然後將布丁倒扣至盤中。

製作焦糖

1 先製作焦糖。將砂糖倒入小鍋中，均勻撒上水，開中火加熱（a）。

2 當砂糖約融化一半並開始變色時，慢慢晃動鍋子，讓剩餘的糖融化。

3 當看到煙冒出時，偶爾將鍋子稍微離開火源觀察狀態（b）。

＊注意餘熱會繼續讓焦糖上色。

4 當達到理想的顏色時，將鍋從火上移開，倒入熱水，一邊晃動鍋子一邊攪拌，然後將鍋底放入冷水中（c）。

5 將焦糖適量倒入布丁模中（d），並轉動模型讓焦糖均勻鋪在底部。

＊如果焦糖變硬，可以將鍋底稍微以中火讓它變軟。剩餘的焦糖可倒在烤盤紙上，冷卻後形成片狀，下次再用。

7

以打發蛋白製作

蛋白甜點
Meringue

介紹5種蛋白霜甜點。蛋白霜（Meringue）在其他頁面也常常出現，而這5種則是能直接享受蛋白霜風味的甜點。「香緹鮮奶油蛋餅 Meringue à la Chantilly」在法國通常是兩顆烤得像嬰兒拳頭般大小的蛋白霜，夾上豐富的鮮奶油一起販售。在日本較少見，或許是因為濕度較高，容易使蛋白霜受潮的緣故吧。這款適合在家裡製作，在蛋白霜受潮前享用。

蛋白霜的比例為蛋白100g對應糖粉120g，也就是糖含量達到120％。雖然看似糖分過多，但不會覺得太甜，這是最接近極限的配方，再減糖就無法保持形狀。蛋白霜呈現純白色，是因為我的烤箱能設定低溫至80℃。一般烤箱除了發酵模式外，最低設定為100℃，用100℃烘烤會讓蛋白霜烤上色呈米色，但這樣的味道也很好，即使無法烤成純白色也沒有關係。後面會介紹的蒙布朗（Mont-Blanc）、醜小鴨餅乾（Brutti ma Buoni）等甜點，則是特地讓它們烘烤上色的。

我的香緹鮮奶油蛋餅在家中試作時，不小心變得像紐西蘭和澳洲的甜點帕芙洛娃（Pavlova）。在蛋白霜上擠覆盆子鮮奶油並點綴草莓，不過配料可隨喜好調整，無論是改用冰淇淋，還是其他水果都可以。

香緹鮮奶油蛋白餅
Meringue à la chantilly
作法 p.88

4

放入80℃或100℃的烤箱中，低溫烘烤至中心乾燥。

＊若使用80℃的烤箱，約需6小時；100℃的烤箱約需2小時。

將烤好的蛋白餅密封保存。潮濕的季節建議放入乾燥劑一同保存。

覆盆子鮮奶油

材料（約5個）

覆盆子果醬（參見p.122）…50g
鮮奶油…100g
草莓…15顆
糖粉…適量

準備
・準備擠花袋，裝入較大的圓口擠花嘴。

1

將覆盆子果醬和鮮奶油倒入冰鎮過的玻璃碗（或下墊冰水的不鏽鋼盆），先用手持電動攪拌機低速混合均勻，再以中速稍微打發至略為濃稠的狀態。

2

將打發好的鮮奶油裝入放有大的圓口擠花嘴的擠花袋內，擠在蛋白餅上成小山丘狀。再放上草莓，篩上糖粉，趁蛋白餅未受潮前享用。

製作蛋白霜

材料（直徑約7cm，約17～18個）
蛋白…100g
糖粉…120g

準備
・準備一個擠花袋，裝入直徑20mm的6齒星形擠花嘴。
・將烤箱預熱至80～100℃。

擠蛋白霜並烘烤

1

參見p.33，打發蛋白製成尖端硬挺的蛋白霜。

2

將製作好的蛋白霜放入擠花袋，先在烤盤四角擠少許蛋白霜，再鋪上烘焙紙。

＊如此是為了固定烘焙紙。

3

以大圓形的方式擠出直徑約7cm的蛋白霜。

在我的教室裡，從上一代就開始嘗試製作各種不同的蒙布朗。當時使用的是法國罐裝栗子泥，加入奶油和鮮奶油製成濃郁的口感，非常符合法式甜點的風味，也十分美味。但為了追求更自然的栗子風味，我們改用栗子加香草牛奶熬煮後打成泥。雖然這樣也很不錯，但近來我更偏愛這裡介紹的方法，這算是一種回歸傳統吧。建議您選用風味好的栗子來作。我將介紹不同尺寸的蒙布朗。

蒙布朗
Mont-blanc
作法 p.90

3

將洗淨的栗子放入蒸鍋中，以中火蒸40～50分鐘。稍微放涼後，用刀將栗子對半切開，用湯匙挖出栗肉並秤重。

＊因蒸煮時間較長，水量需充足，避免乾鍋。

4

將蒸好的栗子與蔗糖一起放入食物調理機，攪拌至細緻滑順的栗子泥，依喜好加入蘭姆酒調味。

5

用馬鈴薯壓泥器將栗子泥壓成細碎條狀。若無壓泥器，可使用篩網或濾網。

＊栗子泥會稍微呈鬆散狀，但直接用食物調理機攪碎也可以。

6

在直徑18cm的半球模型中鋪上一層保鮮膜，將栗子碎撒入模型中並輕輕壓實。將未加糖的打發鮮奶油放入擠花袋（裝上大的圓口擠花嘴），在栗子碎上擠出螺旋狀打發鮮奶油。

蒙布朗

材料（直徑15～16cm的圓盤狀1個）
蛋白霜
┌ 蛋白…50g
└ 糖粉…60g
栗子泥（生栗子500g）
┌ 蒸熟的栗子淨重…300～350g
│ 無漂白蔗糖…栗子淨重的10～15%
└ 喜好的蘭姆酒…適量
鮮奶油…約150g
糖粉…適量

1

參見p.33製作蛋白霜，然後將蛋白霜放入擠花袋，裝入直徑15～20mm的圓口花嘴。烤盤鋪上烘焙紙，從中心開始，螺旋狀地擠出直徑15～16cm的厚實圓形。

＊也可以像「香緹鮮奶油蛋白餅」使用星形擠花嘴。

2

將擠好的蛋白霜放入100℃的烤箱中烘烤約2.5小時，低溫烘烤至完全乾燥，然後放入密閉容器中保存。

7

將蛋白餅放在6的打發鮮奶油上輕輕按壓，蓋上漂亮的平盤，再將整個模型翻轉，輕輕移除半球模型和保鮮膜，篩上糖粉，營造飄雪效果。

＊照片中的示範品在移除保鮮膜後再撒上少許栗子碎，避免過於單調。這款甜點與其分切成塊，不如自然的分食，栗子碎會散落，但這正是美味之處。

3

將蛋白餅放於盤中，擠出約20g打發的鮮奶油，形成小山丘狀。再鋪上一層厚厚的栗子碎，篩上糖粉即可。

＊若有適合的器皿，也可以用製作大型蒙布朗的方式來成型。

小型蒙布朗

1

將蛋白霜放入裝有直徑15～20mm圓口花嘴的擠花袋。烤盤上鋪好烤盤紙，以「の」字形擠出蛋白霜，使其成為直徑約7cm的圓並保有厚度。

2

將蛋白霜放入100℃的烤箱，烘烤約2小時直至中心完全乾燥。取出放涼後，密封保存於容器中。

「Japonais」在法語中意爲「日本的」或「日本人」。我對這個名稱很好奇，於是詢問了法國製菓學校的校長，他僅回答「從以前開始就這麼稱呼了」。我的老師對此也抱有相似的疑問。據說在瑞士有一款表面用紅色糖霜（glace）畫出圓形的法式小蛋糕，象徵著「日本國旗」，而這款蛋糕體即是「japonais」。這道甜點由三片薄烤蛋糕疊層，再夾上奶油霜（butter cream）製成。這類蛋糕體是以打發的蛋白霜（meringue）爲基底，加入杏仁或榛果粉、糖粉、小麥粉等材料製作而成。此外，這種蛋糕體也有Succès（成功）或Progrès（進步）這幾個名字。蛋糕體在烘烤過程中會烤到內部完全乾燥，呈現酥脆口感，若夾上奶油霜後享用，則會有柔軟濕潤的質地。日本知名的Dacquoise達克瓦茲也是其中一員。

日式渦卷餅乾
Japonais

作法 p.94

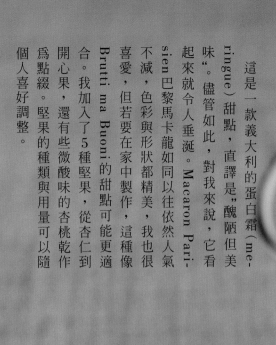

醜小鴨餅乾
Brutti ma buoni

作法 p.95

這是一款義大利的蛋白霜（meringue）甜點，直譯是"醜陋但美味"。儘管如此，對我來說，它看起來就令人垂涎。Macaron Parisien 巴黎馬卡龍如同以往依然人氣不減，色彩與形狀都精美，我也很喜愛，但若要在家中製作，這種像 Brutti ma Buoni 的甜點可能更適合。我加入了 5 種堅果，從杏仁到開心果，還有些微酸味的杏桃乾作為點綴。堅果的種類與用量可以隨個人喜好調整。

2

分2次加入過篩後的粉類，用刮刀輕輕切拌至看不見粉末。

3

將蛋白霜填入擠花袋中，在烘焙紙上以渦卷方式從中心擠成直徑約6cm的圓形。

＊開始時擠花嘴靠近烤盤，然後稍微提起擠花嘴，讓蛋白霜像細繩般緩緩擠出，最後靠近烤盤結束，這樣可以使蛋白霜形成漂亮的圓形。

4

篩上糖粉，稍微等待糖粉融化後，再篩一次糖粉。將烤盤放入烤箱，待表面開始上色時，將溫度降低至約120℃，烤至蛋白霜中心乾燥為止。

＊出爐時蛋白餅仍稍微柔軟，待冷卻後乾燥即可。

5

冷卻後輕輕取下，放入鐵罐或密閉容器中保存。

日式渦卷餅乾

材料（直徑約6cm15片）
蛋白霜
┌ 蛋白…50g
└ 糖粉…20g
┌ 杏仁粉…30g
│ 糖粉…10g
└ 低筋麵粉…5g
糖粉…適量

準備
· 在烤盤上鋪烘焙紙。
· 將杏仁粉、糖粉、低筋麵粉混合後過篩。
· 在擠花袋內裝入直徑10mm的圓口擠花嘴。
· 將烤箱預熱至140～150℃。

1

將蛋白倒入碗中，用攪拌器打發，分2次加入糖粉。由於這款蛋白霜的糖粉較少，攪打時需注意不要打過頭。

3

將打發好的蛋白霜分2次加入步驟2的混合物中，用刮刀輕輕切拌均勻。

4

將混合物填入擠花袋中，並在鋪有烘焙紙的烤盤上擠成直徑約4cm的小丘狀，放入預熱至100～120℃的烤箱中，烤約1小時，直到中心乾燥。

5

成品放入密閉容器中保存。

醜小鴨餅乾

材料（直徑約4cm，約50個）

蛋白霜
- 蛋白…100g
- 糖粉…100g
- 杏仁（整顆）、榛果（整顆）、核桃、開心果、松子、杏桃乾…共150g
- 糖粉…100g
- 肉桂粉…少許

準備
- 在擠花袋內裝入直徑15mm的圓形擠花嘴。
- 將烤箱預熱至100℃。

1

準備堅果。將杏仁和榛果分開烘烤。杏仁在約150℃的烤箱中烘烤，並不時攪拌使其均勻烘烤。榛果需在180℃的烤箱中烘烤，為了去除外皮，需不時翻動。當外皮開始脫落時，用乾布包住並輕輕揉搓去皮。

＊有銷售烤好的堅果可供選擇。核桃可直接使用，但若喜歡烤過的也可以；松子和開心果我也是直接使用。

2

在砧板上鋪紙，將杏仁、榛果和核桃粗略切碎。松子保持整顆，開心果切碎，杏桃乾也切小塊，將它們放入碗中，加入秤量好的糖粉和肉桂粉混合均勻。

材料（直徑7.5㎝的小塔模8～9個）

蛋白霜
- 蛋白…90g
- 糖粉…60g

橙皮、杏桃乾、杏仁、
　開心果、松子等（依個人口味）…共90g

- 糖粉…60g
- 低筋麵粉…40g
- 杏仁粉…40g

奶油…60g
糖粉…適量

準備

- 模型內抹奶油（分量外），撒上杏仁片（分量外）（a）。
- 將堅果和果乾切碎。
- 將奶油軟化至乳霜狀。
- 將糖粉、低筋麵粉和杏仁粉混合過篩。
- 在擠花袋內裝入直徑15mm的圓口花嘴。
- 預熱烤箱至中溫。

1　將蛋白打發成尖端硬挺的蛋白霜，然後加入準備好的堅果和果乾，使用刮刀輕輕切拌（b）。

2　將混合的粉類分2次加入，每次加入後用刮刀拌勻至看不見粉末為止。接著一次加入軟化的奶油（c），繼續攪拌至均勻。

　＊若奶油過硬，則難以與麵糊混合均勻。

3　將步驟2的麵糊填入擠花袋中，擠入準備好的模型內，平整表面（d）。

4　篩上大量的糖粉（e）。用手指整平外緣部分（f），輕輕噴灑水霧至表面濕潤，然後放入中溫的烤箱烘烤15～20分鐘至熟透。

　＊取出時要小心，不要損壞表面的糖衣。

幾乎無法想像沒有蛋白霜的法式甜點會是什麼樣子。不論是簡單的蛋白霜甜點、或是加入麵糊中。蛋白霜的重要性不言而喻，它是將蛋白與砂糖打發而成的偉大發明。

提到費南雪，大家通常會想到模仿金條形狀的長方形甜點，但若加以延伸，也可以將某些甜點歸為同類。例如這款果乾與堅果費南雪，可以視為加入了蛋白霜製作，海綿蛋糕的一員。

這裡的奶油沒有融化，而是以柔軟的軟膏狀形式加入麵糊中。最後在表面撒上一層糖粉並噴灑水霧，使其形成酥脆的糖衣，這種口感令人非常愉悅。

果乾與
堅果費南雪
Financier aux fruits secs

8

以英式蛋奶醬和水果泥製作

巴巴露亞

Bavarois

巴巴露亞基本上可以分為2種類型。一種是將英式蛋奶醬（Sauce Anglaise）與明膠和鮮奶油混合而成。照片中白色的部分是香草口味的巴巴露亞（Bavarois à la vanille）。這種巴巴露亞可以加入巧克力或咖啡等口味。

另一種是將水果泥與明膠和鮮奶油混合製作。這裡桃紅色的巴巴露亞是覆盆子口味（Bavarois à la framboise）。新鮮的覆盆子不容易買到，且價格非常高，但如果使用冷凍的覆盆子，就可以一年四季輕鬆製作。這種巴巴露亞色彩鮮豔、香氣撲鼻，當然，味道也非常美味。

首先介紹這2種巴巴露亞，然後作為應用，再示範以巧克力巴巴露亞與海綿蛋糕（Genoise）組合而成，屬於我教室的代表性甜點。

覆盆子巴巴露亞
Bavarois à la framboise
作法 p.102

香草巴巴露亞
Bavarois à la vanille
作法 p.100

2

在牛奶中加入香草籽、莢，煮至微沸騰。

3

將2的牛奶倒入1的蛋黃鋼盆中，使用打蛋器混合均勻。

4

將鋼盆放入微沸騰的熱水中隔水加熱，輕輕攪拌鋼盆底，持續用打蛋器攪拌。當開始稍微變稠時檢查加熱狀況，以刮刀舀取少量，若能在表面留下指痕即達到理想狀態。

＊溫度加熱至82～83℃為佳，過度加熱會使蛋黃變粗糙，過低則不適合。

巴巴露亞製作與入模

5

從隔水加熱的熱水中取出，加入準備好的明膠並利用餘熱溶解。

製作香草巴巴露亞的英式蛋奶醬

材料（70ml 容量的果凍模型9～10個）
- 明膠粉…2½小匙
- 白酒（或水）…2½大匙

英式蛋奶醬（Sauce Anglaise）
- 蛋黃…3個
- 砂糖…60g
- 牛奶…200g
- 香草莢…½根
- 利口酒…1大匙

鮮奶油…200g

準備
- 將明膠粉撒入白酒中，靜置20～30分鐘。

＊明膠放入水分時可能會濺出並附著在容器內側，導致吸水不均。
＊請依照明膠的使用說明進行。

英式蛋奶醬製作

1

在鋼盆中加入蛋黃與砂糖，立即充分攪拌，並持續用打蛋器攪拌至發白。

＊若蛋黃與砂糖靜置太久，蛋黃會結粒，即使加入牛奶也無法再融化。

脫模

9

輕輕按壓巴巴露亞邊緣，
與模型間製造空隙。

10

將模型浸入水中以助脫模，
或細流灌入自來水，使質
地輕盈的巴巴露亞浮起。
亦可短暫浸入熱水稍微加
熱脫模。

11

用手取出巴巴露亞移至盤
中。盤子稍加濕潤能方便
調整擺放位置。

6

將混合物過篩，加入適量的利
口酒等調味。將鋼盆底放入冰
水中冷卻，接著在冰水中持續
緩慢攪拌至均勻濃稠。

＊若變得過於凝固，
僅用打蛋器攪拌無法
均勻，可稍微加熱鋼
盆底以軟化。

7

當達到理想稠度時，加入打發至柔軟的鮮奶油，
均勻混合。

8

將巴巴露亞分裝至以水濕
潤的模型中，放入冰箱冷
藏至凝固。

3

將碗底放入冰水中，緩慢攪拌，讓果泥逐漸變稠。

4

加入打發至柔軟的鮮奶油，攪拌均勻。將混合物分裝至以水濕潤的模型中，放入冰箱冷藏至凝固。

脫模

請參見 p.101 進行脫模。

製作覆盆子巴巴露亞

可以用草莓代替。此時建議稍微減少砂糖的用量。

材料（70ml 容量的果凍模型 11～12 個）
⌈ 明膠粉…1⅓ 大匙
⌊ 白酒（或水）…60g
⌈ 覆盆子…400g（使用冷凍覆盆子，解凍後使用）
⌊ 砂糖…150g
利口酒…1 大匙
鮮奶油…200g

準備
· 將明膠粉撒入白酒中，靜置 20～30 分鐘。

使用果泥製作巴巴露亞、入模

1

將解凍的覆盆子與砂糖混合，使用手持均質機攪打成果泥。

＊攪拌時可使用均質機或食物料理機。

2

將果泥倒入碗中，加入已溶解的明膠並拌勻，再加入酒。

雖然海綿蛋糕與巴巴露亞的組合方式有很多種變化，但這款蛋糕是我教室中的經典款式之一。香蕉是一年四季都能買到的水果，既方便又剛好擁有適合的硬度，可以直接使用。雖然切開後接觸空氣會變成褐色，但因為會被巴巴露亞覆蓋，所以不用擔心。選擇的香蕉最好是短且彎的，這樣方便排列成雙層環狀。

香蕉巧克力
巴巴露亞蛋糕
Gâteau banane-chocolat

作法 p.104

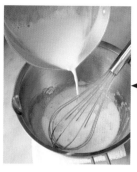

2 在小鋼盆中放入砂糖、1的牛奶約2小匙及蛋黃，用攪拌器充分混合，然後倒入剩餘的熱牛奶。

3

將鋼盆放在微沸的熱水中加熱至約80℃，然後從熱水中取出。

4

加入事前準備好的明膠，利用餘熱將其融化。

5

取4的⅓加入1的巧克力，充分混合使其稀釋。

香蕉巧克力
巴巴露亞蛋糕

材料（直徑20cm蛋糕1個）
海綿蛋糕…1片（參見 p.12，橫切成上下兩層）
酒糖液…適量（參見 p.122）
香蕉（選擇短且彎的香蕉）…4〜5 根
巧克力巴巴露亞
┌ 明膠粉…2小匙
└ 白酒（或水）…2大匙
 牛奶…150g
 黑巧克力…70g
 砂糖…40g
 蛋黃…1顆
 利口酒…1大匙
└ 鮮奶油…150g
香緹鮮奶油（Crème Chantilly）
┌ 鮮奶油…120g
└ 砂糖…適量

準備
· 將明膠粉撒入白酒中，靜置 20〜30分鐘。

1

將150g牛奶煮沸，將其中一半倒入裝有巧克力的鋼盆中，攪拌使巧克力融化。如果巧克力未完全融化，將鋼盆放入熱水中隔水加熱。

10 將擰乾的濕布置於微波爐中加熱，然後包覆在圈模外稍微加熱後，取下圈模。

11 將砂糖加入鮮奶油中打發成香緹鮮奶油，用擠花袋裝入大的星形擠花嘴，在蛋糕周圍擠出裝飾。

Tortenring圈模

Tortenring是一種德國製的塑膠模型，可以隨意調整彎曲，適用於各種尺寸的蛋糕。也可用寬約6㎝的透明文件夾剪成條狀，再用膠帶連接代替，或使用不鏽鋼製的圈模。照片前方較短的模型商品名為「慕斯薄膜」，也可連接使用作為Tortenring的替代品。

6 接著將5倒回牛奶的鋼盆中，攪拌均勻後加入適量的利口酒。

＊此時可準備用來盛放巴巴露亞的海綿蛋糕。

7 將海綿蛋糕放置於盤上，將Tortenring（圈模）繞在蛋糕外側並用夾子固定。塗上酒糖液，並將縱向對片的香蕉圍成雙層環狀。

8 將6的鋼盆放置於冰水上，慢慢攪拌使其變得均勻且略有稠度。

＊此時需保持較稀的稠度，否則巴巴露亞表面會無法平整。

9 將打發至柔軟狀態的鮮奶油加入8攪拌均勻，然後倒入7的海綿蛋糕上，放入冰箱冷藏凝固。

製作底層塔皮

1. 將甜麵團（pâte sucrée）置於剪開的塑膠袋之間，擀成符合模型大小的形狀。
2. 移除表面的塑膠袋，使用模型壓出形狀，然後覆蓋上烘焙紙再翻面。
3. 去除周圍多餘的麵團，用叉子在表面戳孔，放入中溫烤箱烘烤至熟。
4. 將底層塔皮移至工作檯，塗抹杏桃果醬，置於保鮮膜上，裝上方框模，並將保鮮膜沿周圍圍立起。

製作內餡

1. 將室溫軟化的奶油乳酪放入鋼盆中，使用打蛋器攪拌至呈乳霜狀，分次加入已加熱的牛奶（a），攪拌至均勻滑順。
2. 將蛋黃、砂糖和1小匙檸檬汁放入小鋼盆中充分混合，再放置於熱水中加熱（b），攪拌至濃稠狀。
3. 從熱水中取出，加入準備好的明膠並混合，然後倒入奶油乳酪糊中攪拌至均勻（c），再加入剩餘的檸檬汁及喜好的酒類。
4. 將鋼盆底放在冰水上（d），攪拌至均勻濃稠。
5. 將稍微打發的鮮奶油加入混合，攪拌均勻後倒入已準備好的方框模中（e），放入冰箱冷藏至凝固。
6. 溼布擰乾並加熱，將其圍繞在方框模周圍加溫後脫模。將杏桃果醬裝入紙製擠花袋（參見 p.127），在表面畫上線條裝飾（f）。

這款甜點若以日本的說法，就是冰的乳酪蛋糕。這也是我教室裡一個傳統的食譜之一。據老師所說，這道甜點其實並非瑞士點心，而是因為使用了法國一種叫「Petit Suisse（法國小瑞士）」的白乳酪（fromage blanc），所以得名。此外，這種乳酪並非瑞士所創，而是由一位瑞士人在法國諾曼第開始製作的。

由於這款乳酪不易保存，在日本並不常見，因此以奶油乳酪（Cream cheese）代替。我這次製作成方形，但也可以用圓模或小型模型製作。這款蛋糕的底層塔皮和奶油乳酪是絕配，建議務必一起組合，也很適合加上水果。

瑞士蛋糕
Gâteau suisse

材料（17〜18cm方形模1個）
底層（參見 p.42〜44）
甜麵團（pâte sucrée）…約150g
杏桃果醬（參見 p.120）…約30g
內餡

- 明膠粉…2小匙
- 白酒（或水）…2大匙
- 奶油乳酪…120g
- 牛奶…30g
- 蛋黃…1個
- 砂糖…30g
- 檸檬汁…2〜3小匙
- 喜好的酒…適量
- 鮮奶油…150g

裝飾用杏桃果醬…適量

準備

- 將明膠粉撒入白酒中，靜置20〜30分鐘。

Chapitre

9

以英式蛋奶醬和水果泥製作

冰淇淋與
雪酪
Glaces et sorbets

常 聽人說「自製的冰淇淋或雪酪口感不夠滑順」，對此我有一個方法。先將混合物冷凍一次，之後使用食物處理機攪打，將冰晶打碎，並注入空氣，使其更加綿密。

香草冰淇淋和P.99頁的香草巴巴露亞（Bavarois à la vanille）非常相似，口味幾乎相同，原因就在於它們的基底都是英式蛋奶醬（Sauce Anglaise）。兩者的材料幾乎一樣，且都含有鮮奶油，差別在於配方的比例稍有不同，一方使用明膠冷凝成形，而冰淇淋則是以冷凍方式完成。另外，p.84頁的焦糖布丁或填入泡芙的卡士達醬也是同類型的甜點。

就像香草冰淇淋幾乎等同於香草巴巴露亞一樣，這款李子冰淇淋也和覆盆子巴巴露亞（Bavarois à la framboise）非常相似。雖然做法

「plum 李子」與「prune 西洋李」一樣嗎？

這是個常見問題。在日文中，這兩者通常都稱為「すもも」。據說原產於中國的李子稱為「プラム」（plum），而原產於高加索地區的西洋李稱為「プルーン」（prune）。更複雜的是，在法文中，所有的李子都叫「prune」，而「李子乾」則稱為「pruneau」。

例如 p.31頁的水果蛋糕在法國被稱為「prune-cake」，但在英文中，新鮮的李子稱為「plum」，乾燥的稱為「dried plum」。有趣的是，即使未添加李子，只使用葡萄乾的蛋糕或布丁，甜點名稱有時也會稱為「plum cake」或「plum pudding」。最後，雖然名稱可能令人困惑，但在p.111的冰淇淋材料中，所使用的是在日本稱為「prune西洋李」的食材，而非一般的李子。希望這段說明有助於解惑。

稍微繁瑣一些，但將香草冰淇淋和李子冰淇淋各挖一球結合，就能呈現出雙色的大理石花紋冰淇淋。

西洋李冰淇淋
Glaces à la prune
作法 p.111

香草冰淇淋
Glaces à la vanille
作法 p.110

5

將4的冰淇淋放入食物處理機中攪拌，使冰晶打碎成順滑且濃稠的霜狀。

6

倒入容器中，再次放入冷凍庫冷凍。

7

從冷凍庫取出，用冰淇淋勺挖取。

＊若冰淇淋太硬，稍微放置幾分鐘。如急需，可使用微波爐短暫加熱，但不可融化。

製作香草冰淇淋的英式蛋奶醬

材料（容易製作的份量）
┌ 明膠粉…2小匙
└ 白酒（或水）…2大匙
英式蛋奶醬
┌┌ 蛋黃…4顆
│└ 砂糖…100g
│┌ 牛奶…400g
│└ 香草莢…½～1根
└ 利口酒…1大匙
鮮奶油…200g

準備
・將明膠撒入白酒中，靜置20～30分鐘。

1 依照p.100頁步驟製作英式蛋奶醬。

2 將1的英式蛋奶醬從隔水加熱中取出，加入預先準備好的明膠，利用餘溫使其溶解。將混合物過濾，加入利口酒（依個人口味選擇的酒），將鋼盆底部放入冷水中降溫。待冷卻後，放入冷凍庫，冷藏至稍微有稠度。

＊由於此配方明膠較少，因此冰鎮效果不如巴巴露亞快，冷藏後稠度較難出現。

3 將鮮奶油稍微打發至柔軟狀後，加入混合拌勻，放入冷凍庫冷凍。

4

取出稍微放置於室溫，使用硬刮刀將結塊稍微打碎。

3

如果水分過多，可以稍微蒸發一些。使用網篩過濾，將西洋李過濾成細膩的果泥。

* 最後會剩下一小部分的果皮和纖維，這樣就完成果泥的製作，成品的量會有些差異。

4

加入砂糖並加熱溶解，品嚐味道。然後加入檸檬汁和喜歡的利口酒。

5

放入冷凍庫充分冷卻至稍微變稠後取出，加入稍微打發的鮮奶油並混合，然後再放入冷凍庫凍結。

6

像p.10的香草冰淇淋一樣，用食物處理機製作。

以西洋李果泥製作冰淇淋

這種西洋李，與西洋李乾的原料非常相似，果肉的水分較少，質地較為黏稠。因此製作出來的冰淇淋口感濕潤柔軟。而且，從青黑色的果實外觀想像不出來，最終呈現出漂亮的玫瑰色，味道也非常美味。

材料（容易製作的份量）
西洋李果泥…約450g
┌ 西洋李…400g
└ 水…約160g（若不夠可再增加）
砂糖…180～200g（占果泥的40～45%）
檸檬汁…適量
利口酒…1～2大匙
鮮奶油…160～180g

1

製作西洋李果泥。將西洋李洗淨並去除果梗，沿著果肉切一圈，然後去核。

2

在鍋中加入1的西洋李和所需的水，中火加熱，偶爾用鍋鏟攪拌，煮至西洋李變得軟爛，避免底部燒焦。

* 如果水不夠，可以再加。

材料（20×8×高9㎝的長方模1個）

蛋白糊（apparel）
- ┌ 蛋白…35g（約1個）
- └ 蜂蜜…60g
- 鮮奶油…200g
- 利口酒…1大匙
- 糖漬櫻桃、橙皮、蘭姆酒浸泡的葡萄乾…共80g
- 開心果…10g
- └ 帕林內 Praline（參見p.123）…30g
- 底部的日式渦卷餅乾（參見p.92）…適量

準備
- 在模型內鋪聚乙烯薄膜，讓兩側超出模型外。

1 在砧板上鋪紙，將開心果和帕林內切成小塊，糖漬櫻桃、橙皮和葡萄乾也同樣切碎。

2 製作義大利蛋白霜。將蛋白放入碗中，用手持電動攪拌器輕輕打發。將蜂蜜放入小的單柄鍋中，用小火加熱至125〜130℃（a）。分4〜5次將蜂蜜倒入蛋白霜中，持續打發（b）。

3 繼續打發蛋白霜，直到冷卻為止。然後換用打蛋器，將碗底放入冰水中，攪拌至充分冷卻。

4 在另一個碗中將鮮奶油輕輕打發（c），分2次加入蛋白霜中混合，然後加入利口酒，接著再加入果乾和堅果混合（d）。

5 將混合物倒入準備好的模型中，放在濕布上輕敲，確保沒有空隙，並將表面抹平。放入冷凍庫中冷凍。

6 最後將日式渦卷餅乾壓碎，均勻撒在表面，並壓實。

7 將模型取出。首先，在沒有聚乙烯薄膜的兩端插入抹刀，將模型和牛軋糖雪糕分開。然後將小砧板或平盤放在上面，翻轉脫模。

＊因為蜂蜜的量較少，所以要注意不要煮得太久。此外，蜂蜜冷卻後流動性會變差，如果發生這種情況，可以重新加熱。為了確保蜂蜜不殘留在鍋中，使用刮刀完全倒入蛋白霜中。

＊如果想作得更細，可以使用平口擠花嘴將日式渦卷餅乾麵糊擠成模型的大小並烘烤。此外，也可以將餅乾等壓碎使用，或者使用市售產品也可以。

＊由於很容易融化，請務必不要將模型浸入熱水中。

提到「牛軋糖」時，許多人會聯想到帶有杏仁等堅果的棕色硬糖，但其實也有白色和柔軟的版本。在法國，白色牛軋糖以「Nougat de Montélimar」而聞名，這個名字來自於南法朗格多克地區的蒙特利馬爾鎮。這種牛軋糖的基底含有蜂蜜和蛋白霜，並混合了杏仁、開心果等堅果，還有糖漬櫻桃等水果。這種以白色牛軋糖為靈感的冰品就是「Nougat Glacé」。製作這道雪糕並不費時，味道極為美味，市面上卻幾乎見不到，請務必試著製作看看！

牛軋糖雪糕
Nougat glace

c　　　a

d　　　b

蜜瓜雪酪
Melon givré

作法 p.116

這是一款哈密瓜雪酪。不僅限於哈密瓜，將挖空的果皮作為容器，填入雪酪的做法被稱為 Givré。這個法語意思是「覆蓋著霜」。小型水果如柳橙等相對容易製作，但如果使用大型的哈密瓜製作 Melon Givré，就會是個引人注目的裝飾甜點。

製作非常簡單，唯一的困難是騰出冷凍庫的空間。這次使用了綠色果肉的哈密瓜，但也可以根據喜好選擇橙色果肉的哈密瓜。

這是一款淡桃色香氣撲鼻的雪酪。與哈密瓜不同的是，這款雪酪需要加熱。將整個果肉與糖漿一起煮，這樣可以產生美麗的顏色和香氣。如果風味好，即使是口感較硬的品種也可以使用。旁邊搭配的是用蛋白製作的日式渦卷餅乾（參見 P.92），與雪酪和冰淇淋非常相配。

桃子雪酪
Sorbet à la pêche

作法 p.117

115

4

將混合物倒入淺盤中，與哈密瓜殼一起放入冷凍庫。

5

等完全冷凍後，用刮刀粗略地打碎，適量放入食物料理機中攪打。如過硬需留意機器運作，避免故障。

6

當顆粒消失變得光滑後，倒至碗中，其他部分也以同樣的方式處理。注意不要攪打過頭以至於融化回原本的哈密瓜泥。

7

將雪酪填入冷凍的哈密瓜殼，確保沒有空隙。最後用抹刀或餐刀將表面塑造成圓頂狀，也可以加上螺旋形狀的裝飾。

哈密瓜雪酪的製作方法

這是一款製作哈密瓜雪酪的食譜。由於哈密瓜本身沒有酸味，加入檸檬汁可以使味道更加鮮明，但要注意不要加太多。就我所知，美味哈密瓜利口酒並不多，因此我使用了櫻桃白蘭地(kirsch)，橙色的君度橙酒(Cointreau)也可以。

材料(1個大的哈密瓜，約1,300g)
哈密瓜泥…600g
砂糖…120～150g（佔哈密瓜泥的20～25%）
檸檬汁…適量
利口酒…適量

1

考慮成品的平衡，先將哈密瓜的上部切下作為蓋子。考量瓜皮作為容器時的厚度，使用小型刀具，將刀尖沿著哈密瓜皮繞一圈劃出切口。在操作時，讓小刀的刀尖突出指尖約2cm左右，這樣比較容易成功地切出平滑的切口。

2　用勺子將果肉挖出，注意不要種籽。將種籽部分放入篩網中，用勺子壓榨出果汁。將果肉和果汁放入攪拌機中，打成哈密瓜泥並秤量。

3

在哈密瓜泥中加入20%的糖，攪拌使糖融化。嚐味道，如果不夠甜則加入剩下的糖。加入檸檬汁和利口酒可以增強風味。

3 將煮好的桃子從糖漿中撈出，保留糖漿。去除脫落的果皮，若果肉上還有皮，則用小刀去除。分批將果肉和煮汁用手持均質機打成果泥。如果使用食物料理機，先攪拌果肉成泥，再逐步加入糖漿調整濃度。試味後，視酸度需求添加檸檬汁，並加入適量利口酒調味。

4 將果泥倒入容器中，放入冷凍庫完全凍結。

5 用刮刀將凍結的果泥大致敲碎，放入食物料理機攪打至滑順。如過硬需留意機器運作，避免故障。攪拌均勻後將其移至碗中，並用相同方法處理剩餘的果泥。小心不要攪拌過度，以免雪酪過度融化恢復為果泥。

桃子沙冰的製作方法

材料（適量）
桃子…500g（淨重）
糖漿
─ 砂糖…170～200g（桃子的35～40％）
│ 水…170～200g（同上）
└ 檸檬汁…適量
利口酒…適量

> ＊可使用桃子利口酒（Peach liqueur）、櫻桃白蘭地（Kirsch）或君度橙酒（Cointreau）

1 將桃子洗淨去除表皮上的細毛。用刀沿著桃核切下，扭轉將桃子分成2半並去核。如果無法完整分開，則每30°切下一塊果肉，逐步將其從核上剝離。秤量果肉以決定糖漿的比例。

2 在鍋中加入砂糖和水，煮成糖漿後加入少許檸檬汁，再加入桃子。煮至桃子皮的顏色滲出，果肉變軟。

我也會使用罐裝或瓶裝的水果，但從新鮮水果手工製作，能帶來更為鮮明的口感、味道，尤其是香氣。此外，桃子的顏色也非常美麗。在這裡，我們將水蜜桃製作成「蜜桃梅爾芭」，這是一道由著名廚師奧古斯特·艾斯科菲耶（Auguste Escoffier）獻給同樣著名的歌劇演員—內莉·梅爾芭（Nellie Melba）的甜點。當然，它也可以直接食用，或搭配果凍、巴巴露亞，甚至用於製作草莓蛋糕、塔等甜點。

如果桃子很難去核，可以用刀沿著紋路切到種籽部分，然後繞一圈，如果桃子較大，可以旋轉90度再切一圈，這樣能將桃子分成兩半或四等分再烹煮。

此外，糖漿的使用量會因鍋子的形狀和大小而異，請選擇適合的鍋子。這種做法也可應用於蘋果、梨、枇杷、李子和黃桃等水果。

糖煮蜜桃
佐蜜桃梅爾芭
Compote de peche

材料（適量）

水蜜桃⋯4～5顆（中等大小）

糖漿

- 水⋯400g
- 白酒⋯200g
- 砂糖⋯200g
- 檸檬汁⋯約2大匙

1 製作糖漿。將所有糖漿材料放入鍋中，加熱至糖完全溶解並煮沸一次。

2 沿著桃子的自然紋路，用刀切至接觸到種籽，然後繞一圈切開。用雙手輕輕旋轉將桃子分成兩半（a），避免壓壞果肉。用湯匙取出留在果肉內的種籽。若無法去核，可在桃子上劃出切痕，保持整顆烹煮。若糖漿不足，按相同比例增加材料。

3 將桃子放入糖漿中，蓋上剪出氣孔的紙蓋，用中火加熱。煮沸後轉小火，保持微滾煮10～12分鐘（b）。

4 關火後將桃子翻面，蓋上紙蓋並放涼。冷卻後輕輕用筷子或其他工具取下桃子皮。

製作蜜桃梅爾芭

1 製作覆盆子醬。解凍冷凍覆盆子，將其過篩後拌入適量砂糖，並依喜好加入少量利口酒。

2 在盤中盛上糖煮蜜桃與香草冰淇淋（參見 p.110），最後淋上覆盆子醬即可。

蜜桃梅爾芭
Pêche Melba

使甜點
更上一層樓
的秘訣

杏桃果醬
Confiture d'abricot

夏蜜柑果醬
Marmelade d'orange amère

幾年前我開始自製夏蜜柑（夏みかん）果醬，這緣於一位學了40年的學生，她同時也是料理老師，並在自家庭院中種植各種柑橘類水果。

每到春天，她都會親手做一批夏蜜柑果醬送來，我也總是翹首期盼。不幸的是，這位學生因病無法再製作果醬，但她的家人繼續送來夏蜜柑，讓我開始了自己的果醬製作之旅。

相較於草莓果醬，夏蜜柑果醬的製作過程繁瑣不少，

但成品美味無比。法國人常在早餐時製作「開面三明治 Tartine」，即是將長棍麵包對半切開，塗滿奶油，再抹上果醬。法國人雖不常在開面三明治上使用帶著苦味的果醬，但夏蜜柑果醬確實別有風味。

在西式糕點製作中，果醬不可或缺，其中杏桃果醬尤為特別。它與各類塔皮、奶油、堅果、甚至水果搭配，幾乎是萬用的！雖然市面上有不少杏桃果醬，但市售的家用果醬則缺乏杏桃的風味而顯得過於甜膩，這都讓我堅持自製果醬。

新鮮杏桃的味道雖淡，直接食用並不特別，但經過與糖一同熬煮後，能轉化成令人驚豔的美味果醬。適合生食的 Haricot 品種不太適合用來做果醬。這裡介紹的做法經過過篩，能讓果醬變得細滑，非常適合用在甜點製作中。

杏桃果醬

材料（易於製作的分量）
杏桃…900g（約2包）
水…250～300g
砂糖…700g（約杏桃的80%）

1 將杏桃切成兩半，去除種籽，可保留數顆種籽。將杏桃和水放入鍋中，加熱煮至杏桃完全煮爛，並偶爾攪拌鍋底防止黏鍋。
2 將煮爛的杏桃分批放入濾網，用堅固的刮刀壓過，最後濾網上會留下少量的纖維。
3 將濾過的杏桃泥放回鍋中，用大火加熱，煮沸後轉中火，不斷攪拌以避免黏鍋。
4 煮數分鐘至部分水分蒸發，再加入砂糖，持續煮至溫度達105℃。
5 趁熱將果醬裝入經食用酒精消毒的瓶中，並在瓶蓋內側噴灑酒精後緊閉瓶口。

＊果醬若暴露於光亮處會變成褐色，建議放置在陰涼處保存，冷藏室最佳。

我平時並不習慣在開面三明治 Tartine 上抹果醬，但即便如此，還是特別愛上了這樣的吃法。當然，英式風格的薄片酥脆吐司配上奶油和夏蜜柑果醬也別有一番風味。

經常有人問我：「夏蜜柑的皮要煮沸幾次？」由於我不太怕苦味，所以只煮沸一次即可。當然，若您偏好口感柔和一些，也可以煮沸2次。我個人認為微微的苦味是果醬的必要條件，因此我的夏蜜柑果醬保留了一絲苦韻，並加入足量的糖，使得甜味、苦味和酸味相互平衡，達到恰到好處的口感。

夏蜜柑果醬

材料（易於製作的分量）
夏蜜柑（夏みかん）…1.6kg
（約4個）
果汁…600g
皮…650g
砂糖…1kg
（果汁＋皮的80%）

1 將夏蜜柑表面澈底清洗乾淨，橫向對半切開後榨取果汁，過濾後將種籽保留。
2 將果皮中的白色薄膜切除，並將種籽包入紗布或棉布中，用棉線綁緊，形成像吊飾般的形狀。
3 將果皮切條。先將半顆果皮切成4片，然後切成均勻的長條，使長度和厚度一致。
4 將果皮放入大鍋，倒入足量的水，用大火加熱。煮沸後轉小火煮10～15分鐘，瀝乾後將果皮放回鍋中。倒入新的水剛好覆蓋果皮，並加入2準備好的種籽。再次加熱至沸騰後轉中火，煮至果皮變軟，再加入果汁，繼續煮至果皮完全柔軟後加入砂糖。
5 煮至溫度達105℃。如果沒有溫度計，可以根據經驗和判斷。果醬冷卻後會變得更濃稠。
6 趁熱將果醬裝入經食用酒精消毒的瓶中，並在瓶蓋內側噴灑酒精後蓋緊。

＊果醬若暴露於光亮處會變成褐色，建議放置在陰涼處保存，冷藏最佳。

蘭姆酒葡萄乾

材料（易於製作的分量）
葡萄乾（黑）…500g*
蘇丹娜葡萄乾（Sultana白）
　…500g*

> *不含油脂的產品

砂糖…100g（葡萄乾的10%）
檸檬汁…1顆
蘭姆酒…適量

1 將2種葡萄乾用溫水輕輕沖洗，放入較大的平底鍋中，加入少量水，剛好覆蓋葡萄乾，再加入砂糖和檸檬汁，用大火煮沸。偶爾攪拌，直到液體幾乎蒸發，然後將混合物轉移到瓶中。

2 在瓶中加入蘭姆酒，直到液體覆蓋葡萄乾。冷藏保存。

酒糖液

酒糖液常用於海綿蛋糕的甜點中，可以使蛋糕更為濕潤，並且增強與鮮奶油類的搭配。對於兒童，可以選擇不加入利口酒，使用果汁來調配。比例為水2：糖1，製作一個海綿蛋糕，大約需要砂糖30～40g，水60～80g。利口酒的添加可依個人口味，建議用量約為1大匙。

材料（易於製作的分量）
┌ 砂糖…30g
└ 水…60g
櫻桃白蘭地（或其他喜好的利口酒）
　…1大匙

1 在小鍋中，將砂糖和水放入，開火加熱。

2 邊加熱邊攪拌，煮沸至砂糖完全溶解。

3 將混合液倒入容器中冷卻。

4 待冷卻後，加入櫻桃白蘭地攪拌均勻。

蘋果白蘭地Calvados…是法國諾曼第地區的一種蘋果蒸餾酒。由於該地區無法種植葡萄，人們便以蘋果取代葡萄，模仿葡萄酒與白蘭地的製法，製作出這種特有的酒類。卡爾瓦多斯的前身，可以說是用蘋果釀製的「Cidre」，而蘋果白蘭地則是將Cidre進一步蒸餾而成。每逢秋季，我常製作蘋果相關的甜點。即使其他酒類也能使用，但我總是特別想要加入卡爾瓦多斯，因為它特有的風味實在無法取代。

蘭姆酒Rum…是以甘蔗的廢糖蜜或甘蔗汁經過發酵後，蒸餾並熟成而製成的酒類。蘭姆酒可分為無色透明的白蘭姆酒（White Rum）與琥珀色的深色蘭姆酒（Dark Rum）。深色蘭姆酒風味濃郁，我個人偏好使用這種蘭姆酒，特別適合用來浸泡葡萄乾等食材，為甜點增添更豐富的香氣與層次感。

覆盆子果醬

色彩、香氣與風味皆華麗的一款果醬。市售商品難以符合期望，因此親手製作。製作方法非常簡單。

材料（易於製作的分量）
冷凍覆盆子（解凍）…200g
砂糖…160g

1 將覆盆子與砂糖放入小鍋中加熱，一邊用刮刀輕輕壓碎果粒，一邊攪拌。當刮刀劃過鍋底時能暫時看到鍋底，表示果醬已經煮好。

2 趁熱將果醬裝入消毒過的瓶中，密封。

酒類

想為甜點增添風味時可使用各種酒。年輕時會多加一些，但近來覺得適量為佳。當然，視甜點類型而定。

君度橙酒Cointreau…使用橙皮與酒精蒸餾，再加入糖與水製成的無色透明酒，具有濃郁的橙香。推薦另一款橙味酒「柑曼怡Grand Marnier」，由干邑製成，帶琥珀色，風味濃厚。

櫻桃白蘭地…櫻桃的德文名稱為「Kirsch」，由整顆櫻桃發酵後蒸餾製成。未加糖稱為「Kirschwasser」，而加糖則稱為「kirsch liqueur」，帶有櫻桃核的獨特香氣。我認為這是不可或缺的風味酒之一。

果仁糖（Praliné）

適合用於巧克力夾心餡料等場合。雖然若要每一顆都呈現完美顆粒會更費工，但此處用於切碎後的簡便做法最為適合。使用榛果或核桃等堅果也同樣可以製作。

材料（易於製作的分量）
杏仁（整粒）…50g
┌ 砂糖…30g
└ 水…1～2小匙
奶油…1/5小匙

準備
- 將杏仁烘烤至熟。
- 準備一張樹脂加工的不沾烤盤或鋪上烘焙紙。

1 將砂糖與水放入小型平底鍋，用中火加熱。

> ＊參見p.74頁的焦糖製作方法。

2 當糖液成為適合的焦糖色時，將鍋子從火源取下，加入杏仁，然後再次放回火上。讓杏仁均勻地沾裹焦糖，加入奶油迅速攪拌均勻（a），然後將混合物平鋪在準備好的烤盤上，盡量不重疊（b）。

3 放涼後，將果仁糖儲存在密封容器中以防受潮。如果需要切碎，可在砧板上鋪厚紙切割（c）。

香草莢的使用方法

香草莢是一種在熱帶地區生長的蘭科植物果實。它的青色莢狀果實經過發酵後散發出熟悉的香氣。本書中多用於製作卡士達醬和布丁。使用時可用刀將豆莢縱向劃開，刮出種籽，將莢和種籽一起加入牛奶中慢慢加熱以釋放香氣。對於烘焙甜點，推薦使用香草精（天然香草萃取物），不建議使用合成的香草精。

糖漬橙皮製作方法

這個糖漬橙皮是使用有機栽培的伊予柑製作。也可以使用夏橙等其他柑橘製作，但伊予柑的色澤、香氣較佳，且苦味較少，因此特別推薦。

材料（易於製作的分量）
伊予柑…4～5個
糖漿
┌ 水…200g
└ 砂糖…550g

1 將伊予柑的皮切成四等份，放入鍋中，加足量的水煮沸，並煮幾分鐘後將水倒掉，重新加水煮至皮變得柔軟為止。

> ※ 避免煮得過爛，糖漿浸泡後皮會變得緊實。

2 用布巾吸乾水分，將皮直立排列於保存瓶中。

3 將200g的水與100g的砂糖煮沸製成糖漿，趁熱倒入瓶中，確保糖漿覆蓋橙皮。將瓶子放置在涼爽處靜置一整夜。

> ＊若糖漿不足，按2：1的比例補充糖漿。第一回的糖漿量會影響後續添加糖量，建議記錄。

4 次日，將瓶中的糖漿倒入鍋中，再加100g砂糖煮沸，趁熱倒回瓶中。

5 重複此步驟，第三天與第四天相同，第五天增加糖至150g。最終糖漿比例為水200g、糖550g。

> ＊若第1次糖漿不足可補足，第2次及以後需按第1次的糖量添加，第5次糖量則為1.5倍。

6 最後將5靜置約1週，將橙皮倒入鍋中煮沸，並與糖漿一同裝入經消毒的瓶中保存。

3. 手持電動攪拌機

用於海綿蛋糕的打發全蛋和打發蛋白等工序,電動攪拌機必不可少。我使用帶有2支攪拌棒的機型,建議選擇馬力較強的型號。我也會使用桌上型攪拌機。

2. 鋼盆

製作麵團時,主要使用耐用的不鏽鋼材質。它可以直接加熱,也適合隔水加熱或冷卻,且熱傳導良好。常用的尺寸有直徑24、21、18和15cm的四種,以及直徑18cm帶柄的鋼盆。此外,也使用深型的耐熱玻璃碗,可在微波爐中使用,放冷凍庫後更適合打發鮮奶油。

1. 網篩

我使用不鏽鋼製的濾網和細目塑膠製網篩。以前會訂製小型的粉篩,但自從找到方便的塑膠製網篩後,就一直使用這款了。

10. 溫度計

在製作義式蛋白霜(例如p.112的牛軋糖雪糕)或p.120的杏桃果醬等需要精確溫度控制的製程中,溫度計必不可少。

8. 刮刀(矽膠製)

我現在幾乎都使用矽膠製刮刀了。以前製作泡芙麵糊時一定會用木製刮刀,現在則改用有彈性的矽膠刮刀。根據用途,我會選擇不同大小、硬度和厚度的刮刀。本書中常用的黑色矽膠刮刀雖然不是全能,但仍非常推薦。

9. 打蛋器

使用耐用的不鏽鋼打蛋器。我在混合麵粉時也常用打蛋器,因為粉末可以穿過打蛋器的金屬線間隙,因此間隙太小的打蛋器不適用。通常準備長度為30cm、27cm、24cm的3款和一個小型的打蛋器。

5. 三角刮板

用來在鮮奶油上製作紋路,主要做出波浪狀的紋理。抹平鮮奶油需要熟練技巧,因此可用波浪紋路稍作掩飾。

6. 塑膠刮板(法語稱為Corne)

根據需求分別使用其圓弧和直線部分,從麵團製作到清理都非常便利,是最簡單又實用的工具。

7. 秤

電子秤方便又準確,能測量1g至2kg的範圍。我會直接將鋼盆或鍋子放在秤上,逐一加入或減少材料,十分實用。

4. 鍋

煮沸牛奶時,各種鍋子皆可使用。對於泡芙麵糊等,我使用直徑14cm、深度9cm的鋁製「牛奶鍋」,便於加入蛋液時防止麵糊溢出。同一品牌的18cm深型醬汁鍋則適合製作果仁糖等配料。

14. 網架

用於冷卻烘烤點心。腳架設計利於散熱和排濕，十分便利。

15. 噴霧器

在放入烤箱前噴灑於海綿蛋糕、磅蛋糕和泡芙等表面，建議選擇能噴出細緻霧狀的款式。

12. 蛋糕鏟

這款蛋糕鏟的前端較薄，取出烤盤上的酥餅非常方便，並且木柄握把和金屬部分的弧度設計得非常好。

13. 抹刀

選用不鏽鋼材質，刀尖越薄越好且具有彈性，刀刃部分長約20cm較為合適。

11. 擀麵棍

照片中顯示的是帶有刻痕的塑膠製擀麵棍。用於擀夾在塑膠袋中的麵團時不易滑動。雖然照片中沒有，但我會使用水管作擀麵棍，它表面平滑，清洗後迅速乾燥，不易變形，非常實用。

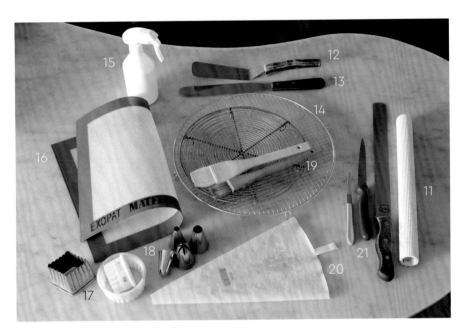

20. 擠花袋

選擇柔軟、易清洗且快乾的擠花袋，不建議使用質地過於堅硬的擠花袋。隨鮮奶油附贈的擠花袋相當實用，清洗後可重複使用。

21. 切刀

切割直徑20cm左右的海綿蛋糕需要30cm長的鋸齒刀。對於小型甜點，則建議使用刀刃長12～13cm的鋸齒刀。鋸齒刀能防止對甜點施加過多壓力，確保切割時不會壓壞甜點。切割時勿施力向下壓，應如鋸子般前後移動刀刃平滑切割。

18. 擠花嘴

建議僅購買所需的擠花嘴，而非一次購買含多種小擠花嘴的套裝。
圓口花嘴…用於泡芙麵糊（p.71）的10mm直徑擠花嘴和蒙布朗蛋白霜（p.90）直徑15mm的花嘴。
星形擠花嘴…用於香緹鮮奶油蛋白餅（p.88）直徑20mm、6齒星形花嘴，或略小的16～18mm口徑花嘴。製作奶油霜時建議選用更小的擠花嘴。

19. 毛刷

用於塗抹果醬、糖漿和奶油，選擇不易掉毛的刷子。根據用途準備不同硬度和大小的毛刷會更方便。

16. 矽膠墊

耐用且長壽，特別適合製作泡芙麵糊。但使用久了容易變得油膩和黏膩，這是它的缺點。

17. 切模

酥餅用切模…即便形狀不同，但切模體積相近時，烘烤時更易掌握，擺放時也更整齊。
小塔模用切模…根據所擁有小塔模的尺寸選購。例如，直徑6.5cm的模型適合使用直徑7cm的切模，這樣切出來的塔皮大小剛好能鋪入模型。如果切模過大，塔皮會溢出模型。若切模稍小，則可將麵團稍微擀厚一些，用手指按壓展開使其貼合模型。

模型的準備　塗抹奶油與撒粉的方法

塔模

（使用於p.54的杏仁塔、
p.58的侍女蛋塔、p.66
的乳酪塔）
詳細步驟參見右側說明。

小塔模

（使用於p.62的榛果小塔、
p.64的巧克力杏仁塔）
詳細步驟參見右側說明。

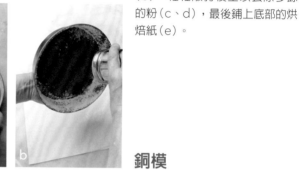

圓模 Moule à Manqué

（使用於p.12的海綿蛋糕、p.18
的草莓鮮奶油蛋糕、p.36的藍罌
粟籽蛋糕、p.104的香蕉巧克力巴
巴露亞蛋糕）
將烘焙紙剪成與模型底部大小相
符的圓形。用刷子將柔軟的奶油
塗抹在模型內側（a），放入冷藏
使奶油凝固後，撒上高筋麵粉
（b）。輕輕敲打模型以去除多餘
的粉（c、d），最後鋪上底部的烘
焙紙（e）。

銅模

（使用於p.20的杏仁海綿蛋糕）
用刷子將柔軟的奶油塗抹於銅模
內側。放入冷藏凝固後，撒上高
筋麵粉。輕輕敲打模型去除多餘
的粉。

圈模

（使用於p.38的示巴女王蛋糕）
處理方式與銅模相同。

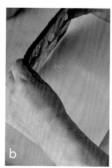

瑪德蓮模

（使用於p.26的瑪德蓮）
在模型內側塗上柔軟的奶油，放
入冷藏凝固後撒上高筋麵粉。將
兩個模型疊起，左右搖動以均勻
覆蓋（a），然後輕輕敲打模型（b）
去除多餘粉（c）。

烤模鋪紙

烤盤

（使用於p.22的覆盆子鮮奶油蛋糕卷）

將白報紙紙鋪在烤盤上，讓紙的邊緣多出約2cm並立起。四個角落剪開，然後折好固定。這裡使用了2張白報紙。

＊一般烤箱附贈的烤盤並不適合製作蛋糕卷。建議到製菓道具店購買專用的蛋糕卷烤盤。

紙製擠花袋

（使用於p.106的瑞士蛋糕）

使用縱橫比約為2：3的長方形烘焙紙，沿對角線稍微偏移地折成2個不規則的直角三角形（a）剪開。將長邊放在下方，從頂點往下捲成圓錐形（b），確保尖端密封（c）。將果醬或奶油裝入袋中，並把上端折緊。擠花時，用剪刀將尖端剪開所需大小。

磅蛋糕模

（使用於p.32的水果磅蛋糕）

將白報紙平放，將模型放在上面，紙比模型的邊緣多出約2cm（a），多餘的部分剪掉。將模型放在紙的中央，用鉛筆沿著模型的底邊畫出線條。將紙翻面，使線條朝下，並稍微小一點地將四邊折起（b）。在四個角落距離角稍微內縮的地方剪開（c），然後將兩端的長邊內折鋪入模型內（d）。

＊如果將短邊放在內側，紙的邊緣可能會沾到麵糊。

小塔模

（使用於p.28的香蕉瑪德蓮）

在直徑6.5cm的小塔模內鋪上合適的紙襯。

系列名稱 / Joy Cooking

書名 / 從基礎到進階 最完美且實用法式的糕點秘訣與配方

作者 / 相原一吉

出版者 / 出版菊文化事業有限公司

發行人 / 趙天德

總編輯 / 車東蔚

文 編‧校 對 / 編輯部

美編 / R.C. Work Shop

地址 / 台北市雨聲街77號1樓

TEL / (02) 2838-7996

FAX / (02) 2836-0028

初版日期 / 2025年1月

定價 / 新台幣460元

ISBN / 9786267611005

書號 / J163

讀者專線 / (02) 2836-0069

www.ecook.com.tw

E-mail / service@ecook.com.tw

劃撥帳號 / 19260956大境文化事業有限公司

請連結至以下表單填寫讀者回函，將不定期的收到優惠通知。

"JIBUN DE TSUKURERU SAIKO NO OKASHI" by Kazuyoshi Aihara
Copyright © Kazuyoshi Aihara 2023
All rights reserved.
Original Japanese edition published
by EDUCATIONAL FOUNDATION BUNKA GAKUEN BUNKA PUBLISHING BUREAU
This Traditional Chinese edition is published by arrangement with EDUCATIONAL FOUNDATION
BUNKA GAKUEN BUNKA PUBLISHING BUREAU, Tokyo in care of Tuttle-Mori Agency, Inc., Tokyo.

國家圖書館出版品預行編目資料
從基礎到進階 最完美且實用的法式糕點秘訣與配方
相原一吉 著;初版;臺北市
大境文化，2025[114] 128面;
19×26公分 (Joy Cooking；J163)
ISBN / 9786267611005
1.CST：點心食譜　　2.CST：烹飪
427.16　　　　　113016372

發行人　清木孝悦
設計　川﨑洋子
攝影‧造型　ローラン麻奈
校對　山脇節子
編輯　浅井香織 (文化出版局)